装饰设计制图与识图

（第二版）

高祥生　主编

中国建筑工业出版社

图书在版编目（CIP）数据

装饰设计制图与识图/高祥生主编. —2 版. —北京：
中国建筑工业出版社，2014.12（2023.8 重印）
ISBN 978-7-112-17190-3

Ⅰ.①装…　Ⅱ.①高…　Ⅲ.①建筑装饰-建筑制图-
识别　Ⅳ.①TU204

中国版本图书馆 CIP 数据核字（2014）第 194207 号

责任编辑：丁洪良
责任设计：董建平
责任校对：李美娜　关　健

装饰设计制图与识图

（第二版）

高祥生　主编

*

中国建筑工业出版社出版、发行（北京西郊百万庄）
各地新华书店、建筑书店经销
霸州市顺浩图文科技发展有限公司制版
北京圣夫亚美印刷有限公司印刷

*

开本：880×1230 毫米　1/16　印张：12¼　字数：382 千字
2015 年 2 月第一版　2023 年 8 月第十三次印刷
定价：**35.00** 元
ISBN 978-7-112-17190-3
（25962）

序

20 世纪 80 年代以来，我国室内装饰行业快速发展，专业设计人员相对不足，因此，不少高等院校都仓促地开设了室内设计专业，但由于师资、教材、教学等多方面原因，使很多毕业生未能全面掌握专业知识进入室内装饰设计行业。另外，还有一批未经过专业教育的人员因多种原因也进入了室内装饰设计队伍，致使室内装饰设计队伍中部分人员缺少必要的专业基础和设计技能的问题更加突出，甚至不少室内装饰设计人员缺乏对专业制图知识的了解和掌握，以致无法用标准的工程制图语言来全面、准确地表达设计思想和内容，从而影响了室内装饰的工程质量。

工程制图既是工程设计的语言，也是施工管理的依据。标准的工程制图是提高工程质量的重要条件。因此，在工科类专业中都将工程制图作为学生必修的专业基础课。在土建类专业中，同样也以房屋建筑制图作为建筑学、工民建等专业必修的基础课。根据我国室内装饰设计行业的现状，加强和提高专业基础教学，包括强化装饰设计制图的基础训练是很有必要的。

最近东南大学高祥生教授等对其主编的《装饰设计制图与识图》（2002 年版）教材进行修编，这是很有意义的工作。修编版的《装饰设计制图与识图》是一本面向室内设计专业学生与室内设计人员的教学用书。修编版在表达装饰设计制图特点的同时，保持了与《房屋建筑制图统一标准》的一致性，成为房屋建筑制图体系中的一个组成部分。目前我国室内装饰设计制图的内容、形式、方法等大多是沿用房屋建筑制图标准，但也有许多自创或套用国外的制图方式，由于相互之间缺乏统一和协调，甚至会引起歧义。我认为室内装饰设计作为房屋建筑设计的延续和深化，两者之间在视图原理和表达方式都具有很大的关联度和协调性。有必要强调装饰设计制图与房屋建筑制图的一致性，对于装饰设计水平的提高和建筑工程、装饰工程管理工作的完善具有促进作用。

主持修编《装饰设计制图与识图》教材，既需要有一定的理论知识，更需要具备工程制图的实践经验。高祥生是东南大学建筑学院的教授、博士生导师，三十多年来，教学之外还主持设计过数百项工程，编写过三十余本专业书籍，主持编制过国家行业标准《房屋建筑室内装饰装修制图标准》JGJ/T 244—2011 等标准。同时，在建筑产业化、住宅全装修和弘扬我国优秀的传统建筑装饰文化等方面发表过近百篇论文。这些成果对我国建筑设计和建筑装饰设计的专业基础性理论建设做出了令人瞩目的贡献。

我国的室内装饰行业快速发展近三十年，已形成了庞大的产业规模。与此同时，我国的室内设计专业也积累了大量的实践经验，应该及时、认真地加以总结和整理，而这一过程需要成熟理论的指导，因此，加强室内设计专业的理论建设显得尤为重要，这需要众多的专业人员和专家学者长期不断的努力和贡献。《装饰设计制图与识图》这类教材的出版，无疑会对装饰装修设计专业的发展起到积极有益的推进作用。

衷心祝贺《装饰设计制图与识图》再版付梓刊印，同时也期待在室内设计专业中有更多的书籍出版。

宋春华

前 言

工程设计需要用图示语言表达,即工程制图。工程制图分机械制图、房屋建筑制图。房屋建筑制图又分总图制图、建筑制图、给水排水制图、暖通空调制图、供热工程制图、房屋建筑室内装修装饰制图等。工程制图根据视图的原理规定了科学的方法,虽然各专业视图原理一致,但又有各自的特点。装饰设计作为建筑设计的延续,在制图中大多按照建筑制图的方法表达设计思想,但又根据装饰设计的特点形成了具有装饰特点的图示语言。

我国装饰设计行业的形成已有三十多年的历史,在这段时间里,装饰制图形成了一些行之有效的方法,但也存在着图示语言的随意性和差异性,以致影响了设计思想的交流。为了能在统一规范国内装饰制图标准中做一些工作,我于2002年编写了教材《装饰设计制图与识图》(以下称本教材),本教材自出版以来重印10次,受到高等院校相关专业师生和广大装饰设计师的欢迎。十余年来,随着装饰设计行业的发展和对装饰制图的深入研究,本教材中的部分内容需要修订、完善,与此同时,中国建筑工业出版社根据市场的需求也提出了修订本教材的建议。

2012年起我开始着手修订本教材,并邀请在装饰制图方面有着多年研究和诸多成果的东南大学成贤学院的潘瑜、王娟芬两位教师共同参与,使修订工作充实了新生力量。

国内有关建筑装饰制图的教材有诸多版本,与同类教材相比较,本修订版教材的最大特点是在突出装饰设计特点的同时,延续《房屋建筑制图统一标准》的体系,其目的在于使装饰制图的原理、方法、内容统一在房屋建筑制图的框架中,以便与建筑、设备等专业的制图规定相互协调。修订版教材在原教材的基础上作了以下补充:一是每章都增加了练习题,二是增加了制图深度规定,三是修改了部分图例,更换了大部分制图案例,从而使修订版的教材内容更加完善,更能满足装饰工程制图的需要。

本教材分为三篇。第一篇介绍装饰设计制图与识图的基础知识,包括装饰设计制图的有关标准、装饰设计制图的二维表达、装饰设计制图的三维表达等;第二篇介绍装饰设计制图与识图的主要内容,包括室内装饰平面图、顶棚平面图、室内装饰立面图、室内装饰剖面图、室内装饰详图等;第三篇介绍室内装饰工程图纸深度,包括装饰工程图纸内容及编排、室内装饰设计方案图的内容与深度、室内装饰初步设计图的内容与深度、室内施工图的内容与深度等。

修订版教材的编写过程中,得到中国建筑学会原会长宋春华先生、东南大学建筑学院刘先觉教授和中国建筑工业出版社的支持和帮助,对此,我表示衷心的感谢!

本修订版教材既可作为高等院校、职业技术学校室内设计专业的教材,也可作为广大室内设计师学习制图的参考书。

高祥生
2014 年 4 月

目　　录

第三篇　室内装饰工程图纸深度

第一篇 装饰设计制图与识图的基础知识

第一章 装饰设计制图的有关标准（5 学时）

第一节 装饰图纸幅面

学习目标： 1. 了解图纸的图幅、图框、标题栏、会签栏的概念以及作用。

2. 掌握 5 种基本图纸幅面的大小等级以及他们之间的尺寸关系。

3. 熟悉学校和设计单位的标题栏样式。

一、图纸幅面的概念及标准

图纸是设计者的语言，装饰设计图纸是表现装饰的语言。不同大小的装饰图样需要不同大小的图纸来表现，为了便于图纸的阅读、装订和管理，图纸的规格需要统一。

图纸的规格是图幅和图框的标准。图纸的尺寸大小称为图纸幅面，也称图幅，图纸中有限制图形范围的边界线，称为图框，详见图 1-1。

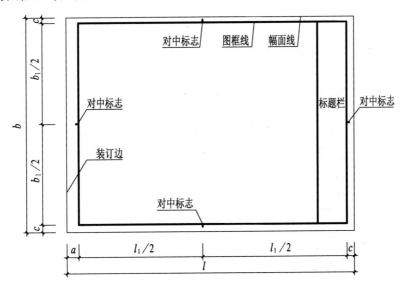

图 1-1　图框及幅面线

在国家标准《房屋建筑制图统一标准》GB/T 50001—2010 中规定了建筑工程制图的图纸图幅从大到小分五个等级，分别以 A0、A1、A2、A3、A4 表示。图幅和图标的具体尺寸可见表1-1所示。室内装饰设计作为建筑设计的延续和完善，其制图标准沿用了《房屋建筑制图统一标准》GB/T 50001—2010，并根据自身的专业特点有所调整，但在图幅与图框尺寸的规定上与《房屋建筑制图统一标准》GB/T 50001—2010 一致。

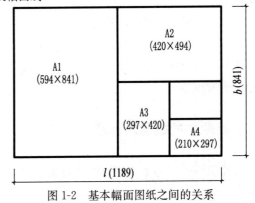

图 1-2　基本幅面图纸之间的关系

幅面及图框尺寸（mm）　　　　　　　　　　　　　　　表 1-1

幅面代号		A0	A1	A2	A3	A4
幅面尺寸（$b \times l$）		841×1189	594×841	420×594	297×420	210×297
周边尺寸	c	10			5	
	a	25				

注：表中 b 为幅面短边尺寸，l 为幅面长边尺寸，c 为图框线与幅面线间宽度，a 为图框线与装订边间宽度。

绘制技术图样时，国家标准规定应优先使用规定的 A0、A1、A2、A3、A4 这五种基本幅面，其短边和长边之比是 1:1.414，基本幅面尺寸间遵循一定的倍数关系，如图 1-2 所示。

通常装饰设计因表示局部内容为主，所以使用的图纸幅面大多为 A2、A3，对于较大的平面也有用 A1 图幅的。装饰施工中的变更图纸因大部分是局部内容，所以常用 A4 图幅。

绘制图样时，应采用表 1-1 中规定的图纸基本幅面尺寸，即 A0～A4 图幅。有的工程制图因图样需要，可允许加长幅面，但图纸的短边尺寸不应加长，图纸的长边尺寸可加长，加长示意图如图 1-3。长边加长量必须符合国家标准《技术制图　图纸幅面和格式》GB/T 14689—2008 中的规定，见表 1-2。

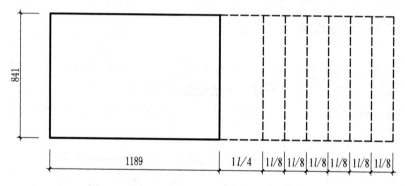

图 1-3　图纸长边加长示意（以 A0 图纸为例）

图纸长边加长尺寸（mm）　　　　　　　　　　　　　　　表 1-2

幅面代号	长边尺寸	短边尺寸	长边加长后的尺寸
A0	1189	841	1486(A0+1l/4)　1635(A0+3l/8)　1783(A0+1l/2)　1932(A0+5l/8)　2080(A0+3l/4)　2230(A0+7l/8)　2378(A0+l)
A1	841	594	1051(A1+1l/4)　1261(A1+1l/2)　1471(A1+3l/4)　1682(A1+l)　1892(A1+5l/4)　2102(A1+3l/2)
A2	594	420	743(A2+1l/4)　891(A2+1l/2)　1041(A2+3l/4)　1189(A2+l)　1338(A2+5l/4)　1486(A2+3l/2)　1635(A2+7l/4)　1783(A2+2l)　1932(A2+9l/4)　2080(A2+5l/2)
A3	420	297	630(A3+l/2)　841(A3+l)　1051(A3+3l/2)　1261(A3+2l)　1471(A3+5l/2)　1682(A3+3l)　1892(A3+7l/2)
A4	297	210	A4 图纸一般不加长

注：有特殊需要的图纸，可采用 $b \times l$ 为 841mm×891mm 与 1189mm×1261mm 的幅面。

根据工程设计内容，幅面可采用横式和立式两种样式。使用图纸时，以短边作为垂直边的称为横式幅面，如图 1-4 所示。横式的标题栏既可放在图幅右侧，也可放在图幅的下方。以短边作为水平边的称为立式幅面，如图 1-5 所示。根据使用方便，大多图纸宜采用横式；必要时，也可使用立式。一个装饰工程设计中，幅面样式尽量统一，每个专业所使用的图纸，不宜多于两种幅面。而设计目录及有关表格可采用不同的幅面。

二、标题栏的概念及标准

在工程制图中，为了方便读图及查询相关信息，标准规定，每张图纸都应在图框的右下角设置标题栏，也称图标。

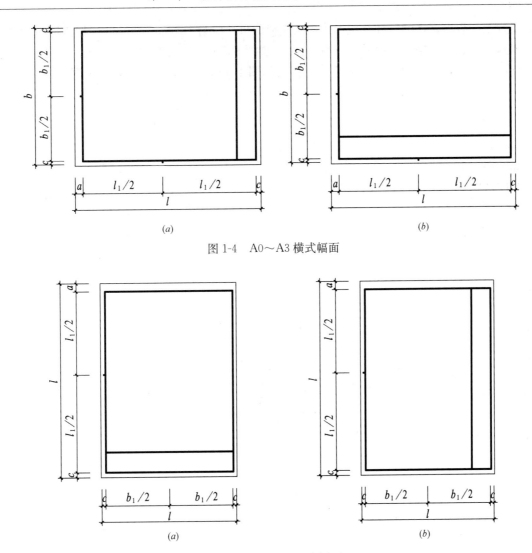

图 1-4 A0～A3 横式幅面

图 1-5 A0～A3 立式幅面

标题栏的长边应为 240mm 或 200mm，短边尺寸宜为 30mm 或 40mm。在建筑制图规范中，标题栏一般位于图框的右下角。而装饰制图中，标题栏的放置位置主要有以下三种：1）在图框右下角；2）在图框的右侧并竖排标题栏内容，见图 1-4（a）和图 1-5（b）；3）在图框的下部并横排标题栏内容，见图 1-4（b）和图 1-5（a）所示。

标题栏应表示出装饰工程项目的相关信息，其中包括设计单位的名称、工程名称、签字区、图名区及图号区等内容。签字区由项目负责人、设计人、制图人、审核人、核对人等签字，图名区有项目名称、设计部位、设计专业、设计阶段等内容。图号应标明图纸的序号。图 1-6、图 1-7 为一般标题栏的内容设置。涉外工程的标题栏内，各项主要内容的中文下方应附有译文，设计单位的上方或左方，应加"中华人民共和国"字样。另外有些标题栏中还加入设计单位的版权声明。作为施工图纸必须加盖图签章。在计算机制图文件中如使用电子签名与认证，必须符合《中华人民共和国电子签名法》的有关规定。现在不少设计单位采用有个性化的标题栏形式，但是必须包括上述几项内容。学校学生绘制图形的标题栏与设计公司的标题栏在样式及内容上有一定的区别，如图 1-7 为设计公司标题栏样式，图 1-8 为学校用图纸的标题栏样式。

三、会签栏的概念及标准

会签栏是相关专业的负责人在图纸会审中签字的区域。会签是为完善图纸、施工组织设计、施工方案等重要文件上按程序报审的一种常用形式。会签栏的尺寸应为 100mm×20mm，栏内应填写会签人员所代表的专业、姓名、日期（年、月、日）；一个会签栏不够时，可以另加一个，两个会签栏应该并列，不需要会签的图纸可以不设会签栏。会签栏的格式见图 1-9 所示。会签栏一般置于图框的左上角位置，见图 1-10。

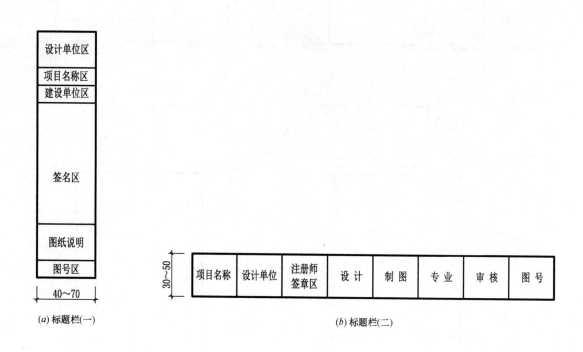

(a) 标题栏(一)

(b) 标题栏(二)

图 1-6 标题栏

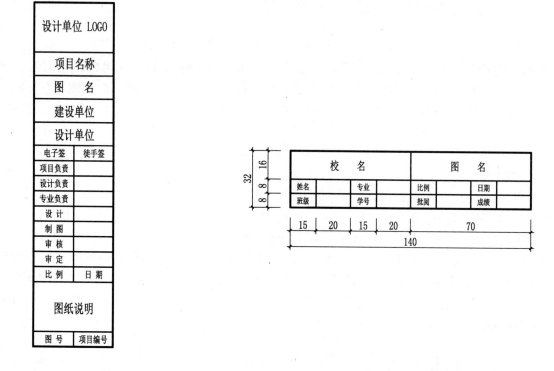

图 1-7 设计公司常用图纸标题栏样式

图 1-8 学校常用图纸标题栏样式

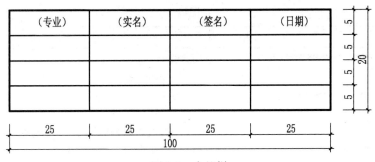

图 1-9 会签栏

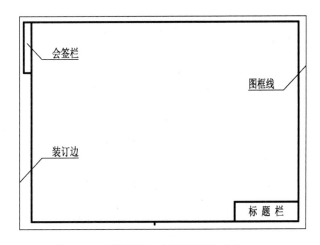

图 1-10 会签栏位置

习题: 1. 说明 A0～A4 图纸幅面的尺寸以及它们之间的关系。

2. 自制一张加长 2 号图纸，并填写标题栏内容。

第二节 图 线

学习目标: 1. 了解图线的种类及用途。

2. 掌握线宽的等级要求和线宽的组合原则。

3. 掌握各种图线的绘制要求。

一、图线的意义

装饰工程的图样是通过线条来表示的，这种表示工程图样的线条也称图线，图线是构成图样的基本元素。制图时为表达工程图样的不同内容，并使图样准确、清晰、层次分明，必须采用不同类型的图线。因此，熟悉图线的类型和用途，掌握各类图线的形式和画法是装饰制图最基本的要求。

二、图线的类型

装饰制图中常采用实线、虚线、单点划线、双点划线、折断线、波浪线、点线、样条曲线、云线等图线形式来表示图样的不同位置，其中有些图线还分粗、中、细三种。每种图线都代表着不同的意义和作用，图线的种类与用途见表 1-3。

图线　　表 1-3

名　　称		线　型	线宽	一　般　用　途
实线	特粗		1.4b	地坪线
	粗		b	1 平、剖面图中被剖切的建筑和装饰构造的主要轮廓线； 2 房屋建筑室内装饰构造详图、节点图中被剖切部分的主要轮廓线； 3 平、立、剖面图的剖切符号
	中粗		0.7b	1 平、剖面图中被剖切的建筑和装饰构造的次要轮廓线； 2 房屋建筑室内装饰立面图的外轮廓线； 3 房屋建筑室内装饰详图中的外轮廓线
	中		0.5b	1 室内装饰中物体的轮廓线； 2 小于 0.7b 的图形线、家具线、尺寸界线、索引符号、标高符号、地面、墙面的高差分界线等
	细		0.25b	尺寸线、引出线和图例的填充线
虚线	中粗		0.7b	1 表示被遮挡部分的轮廓线（不可见）； 2 表示被索引图样的范围； 3 拟建、扩建房屋建筑室内装饰部分轮廓线（不可见）
	中		0.5b	1 表示平面中上部的投形轮廓线； 2 表示预想放置的物体或构件
	细		0.25b	表示内容与中虚线相同，适合小于 0.5b 的不可见轮廓线
单点长划线	中粗		0.7b	运动轨迹线
	细		0.25b	中心线、对称线、定位轴线
折断线	细		0.25b	不需要画全断开的界线
波浪线	细		0.25b	1 不需要画全断开的界线； 2 构造层次断开的界线； 3 曲线形构件断开的界线
点　线	细		0.25b	制图需要的辅助线
样条曲线	细		0.25b	1 不需要画全断开的界线； 2 制图需要的引出线
云　线	中		0.5b	1 圈出需要绘制详图的图样范围； 2 标注材料的范围； 3 标注需要强调、变更或改动的区域

三、线宽的等级

在装饰制图中为了区别图样的部位，常将图线设置成不同的粗细等级，即采用不同的线宽，表达图样的不同部位。在制图中线宽用 b 表示，根据现行行业标准《房屋建筑室内装饰装修制图标准》JGJ/T 244 的规定，室内装饰制图的线宽 b 应从表 1-4 的线宽系列中选取：0.13、0.18、0.25、0.35、0.5、0.7、1.0、1.4（mm）。

不同的线宽组会有一定的粗细比例，其关系大致为：特粗线：粗线：中粗线：细线≈4：3：2：1。传统的工程图纸都用绘图器具手工绘制，而现在的装饰工程制图都采用电脑绘制。各个设计单位也都有自己的作图习惯与方法，但都应根据每个图样的复杂程度和比例大小，先确定基本线宽 b，再选用表 1-4 中适当的线宽组。

线宽组合（mm）　　　　　　　　　　　　　表 1-4

线　宽	线　宽　组　合			
b	1.4	1.0	0.7	0.5
$0.7b$	1.0	0.7	0.5	0.35
$0.5b$	0.7	0.5	0.35	0.25
$0.25b$	0.35	0.25	0.18	0.13

注：1. 线宽组合应该使线条的粗细等级清晰易辨。

　　2. 需要缩微的图纸，宜采用更细的线宽组合。

　　3. 同一张图纸内，各不同线宽组合中的细线，可统一采用较细的线宽组。

为了清晰地表示图纸的图框和标题栏，可采用表 1-5 中的线宽来绘制。

图框线、标题栏线的宽度（mm）　　　　　　　表 1-5

幅面代号	图框线	标题栏外框线	标题栏分格线
A0、A1	b	$0.5b$	$0.25b$
A2、A3、A4	b	$0.7b$	$0.35b$

图线的绘制应注意以下要求：

1. 同一张图纸内，相同比例的各图样，应选用相同的线宽组。

2. 相互平行的图例线，其净间隙或线中间隙不宜小于 0.2mm，见图 1-11。

3. 虚线、单点长划线或双点长划线的线段长度和间隔，宜各自相等，见图 1-12。

4. 单点长划线或双点长划线，当在较小图形中绘制有困难时，可用实线代替。

5. 单点长划线或双点长划线的两端，不应是点，见图 1-12。点划线与点划线交接点或点划线与其他图线交接时，应是线段交接，如表 1-6 中所示。

6. 虚线与虚线交接或虚线与其他图线交接时，应是线段交接，如表 1-6 中所示。虚线为实线的延长线时，不得与实线相接，如图 1-13 所示。

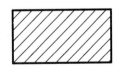

图 1-11　砖墙填充图例

图 1-12　点划线

图 1-13　图线交接正确画法

7. 图线不得与文字、数字或符号重叠、混淆，不可避免时，应首先保证文字的清晰。

图线交接方式示意　　　　　　　　　　表 1-6

交　接　方　式	正　　确	错　　误
两直线相交		
两线相切处 不应使线加粗		
各种线相交时交 点处不应有空隙		
实线与虚线相接		

续表

交接方式	正　确	错　误
圆的中心线应出头，中心线与虚线圆的相交处不应有空隙		

习题： 1. 简述粗实线、中粗实线、细实线表示的物象。

2. 图线相交、图线与文字重叠应注意哪些问题？

3. 虚线可表示哪些内容？

第三节　比　　例

学习目标： 1. 了解比例和比例尺的概念。

2. 掌握图样比例的表示方法。

3. 掌握比例尺的表示方法。

一、比例的作用及表示方法

由于实体的图形要比图纸的图形大，所以制图必须将实体图形按照一定的比例缩小，再绘制在图纸上。合适的比例能使图纸内容表达得清晰、准确，真实体现物体的实际尺寸。

图样的比例是指图形与实物相对应的线性尺寸之比，即：比例＝图形画出的长度（图上距离）：实物相应部位的长度（实际距离）。

比例用符号"："表示，其应标在两数值中间，数值应以阿拉伯数字表示，如1：50，1表示图上距离，50表示实际距离，其比值0.02就是比例的大小，表示图纸所画物体缩小为实体的1/50。比例的大小是指其比值的大小，如1：100大于1：200。可见，相同的图形用不同的比例所表示的图样是大小

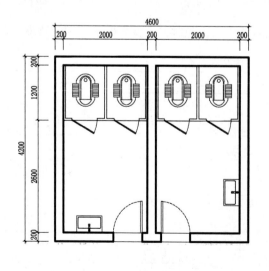

(a) 卫生间平面图 1:50

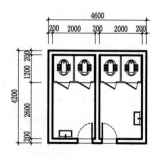

(b) 卫生间平面图 1:100

图 1-14　不同比例图形比较

不一样的，如图1-14所示 *a* 图1：50比 *b* 图1：100的大一倍。同时，不同的比例有不同的表达目的，小比例是表达整体效果；大比例一般用于详图，为表达在小比例画出的图上无法表达的形态或结构，也有图纸大小的限制。

比例一般注写在图名的右侧，字的基准线应与图名取平，比例的字高宜比图名的字高小一号或二号，如图1-15为平面图和大样图比例的表示形式。

平面图 1:100 （5） 1:20

图1-15 图名与比例

二、装饰制图的比例选取

图样的比例应根据图样用途与被绘制物象的复杂程度选取。装饰设计表示的内容较详细，则需要用较大的比例，常用的比例有1：1、1：2、1：5、1：10、1：15、1：20、1：25、1：30、1：40、1：50、1：75、1：100、1：150、1：200。

选择比例时，应结合幅面尺寸，综合考虑最清晰的表达形式和图面的审美效果。当表达物象的形状复杂程度和尺寸适中时，可采用1：1的原值比例绘制；通常，当表达对象的尺寸较大而图样较小，则必须缩小比例，缩小后的图样要保证复杂部位清晰可辨；当表达对象的尺寸较小时应采用放大比例，如2：1、3：1等，使各部位准确无误。

一般情况下，一个图样应选用一种比例。根据表达目的不同以及专业制图的需要，同一图纸中的图样可选用不同比例。有些图样也可选择特殊的比例，如1：7、1：8等。

装饰制图所用的比例，应根据装饰设计的不同部位、不同阶段的图纸内容和要求来选择，常用比例见表1-7所示。

室内工程制图常用比例　　　　　　　　　　　　　　　　表1-7

比　例	部　位	图纸内容
1：200～1：100	总平面、总顶面	总平面布置图、总顶棚平面布置图
1：100～1：50	局部平面、局部顶棚平面	局部平面布置图、局部顶棚平面布置图
1：100～1：50	不复杂的立面	立面图、剖面图
1：50～1：30	较复杂的立面	立面图、剖面图
1：30～1：10	复杂的立面	立面放样图、剖面图
1：10～1：1	平面及立面中需要详细表示的部位	详图

比例除用 X：Y 形式表示外，还可在图纸的适当位置绘制比例尺，比例尺的形式多样，如图1-16所示。

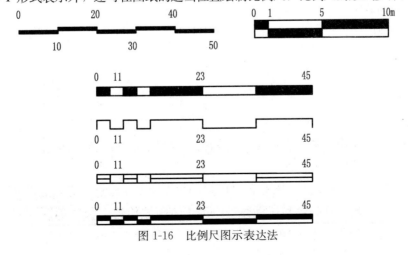

图1-16 比例尺图示表达法

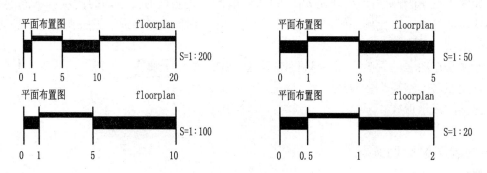

图 1-16　比例尺图示表达法（续）

习题： 1. 什么是比例、比例尺？它们的大小如何确定？

　　　　2. 1：50 表示什么含义？

　　　　3. 已知比例尺为 1：25，实际尺寸为 500mm，试求图上绘制尺寸。

第四节　字　　体

学习目标： 1. 熟悉装饰设计制图中常用字体的特征。

　　　　　　2. 掌握装饰设计制图中对字体和字号的规定。

一、字体的要求

在工程制图中除了绘制恰当的图线外，还要正确标注文字、数字和符号，它们都是表达图纸内容的语言。如用文字标明设计意图、图形的名称、房间的名称、构件的材料、装饰的各种作法以及施工技术要求等，用字母来标明详图名称、图样轴线序号等，用数字来标明尺寸大小、标高、比例等。如图 1-17 所示，引出线上的文字"灯具、石膏板吊顶"等是用来说明所画图样内容以及顶棚的装饰设计作法。

制图中应注意：图纸上书写的文字、数字或符号等，均应笔画清晰、字体端正、排列整齐，标点符号应清楚正确。手工制图的图纸、字体的选择及标注方法应符合《房屋建筑制图统一标准》GB/T 50001—2010 的规定。计算机绘图，均可采用自行选择的规范字体等，应避免采用过于个性化的文字。

汉字的简化字书写，必须符合国务院公布的《汉字简化方案》和有关规定。长仿宋汉字、拉丁字母、阿拉伯数字与罗马数字示例应符合现行国家标准《技术制图——字体》GB/T 14691 的规定。

图样及说明中涉及的阿拉伯数字、罗马数字与拉丁字母，宜采用单线简体（矢量字体）或 ROMAN 字体（TrueType 字体）。

拉丁字母中的 I、O、Z，为了避免与同图纸上的 1、0、2 相混淆，不得用于轴线编号。

拉丁字母和数字的笔划都是由直线或直线与圆弧、圆弧与圆弧组成。书写时要注意每个笔划在字形格中的部位和下笔顺序。

数量的数值标注，应采用正体阿拉伯数字。各种计量单位凡前面有量值的，均应采用国家颁布的单位符号注写。单位符号应采用正体字母。

当标注的数字小于 1 时，必须写出各位的"0"，小数点应采用圆点，齐基准线书写，例如 0.01。

表示数量的小数、分数、百分数和比例数，应用正体阿拉伯数字和数学符号书写，例如：零点零一、五分之一、百分之十五和一比五十应分别写成 0.01、1/5、15% 和 1：50。

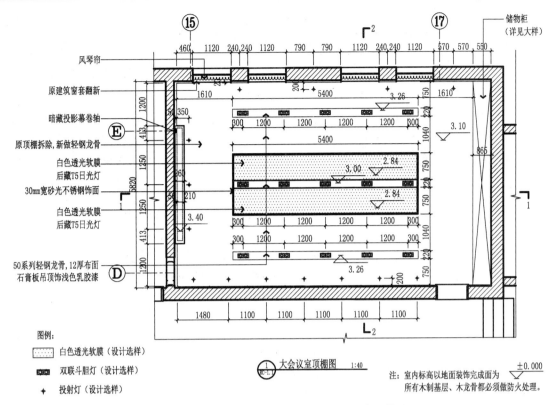

图 1-17　用文字和数字表示顶棚图样的内容和作法

二、字体的选择

1. 字体选择

图样及说明中的汉字，宜采用字体清晰易辨的长仿宋体（矢量字体）或黑体（TrueType 字体），同一图纸字体种类不应超过两种。长仿宋体的宽度与高度的关系应符合表 1-8 的规定，其结构修长匀称、笔画粗细均匀、起落顿笔、转折勾棱，见图 1-18 所示；黑体字的宽度与高度应相同，其笔画粗壮且整齐划一，字形紧聚，不用弧线，见图 1-19。大标题、图册封面、地形图等的汉字，也可书写成其他字体，但应易于辨认。

仿宋字宽高关系（mm）　　　　　　　　　　　　　　　　表 1-8

字宽	14	10	7	5	3.5	2.5
字高	20	14	10	7	5	3.5

建筑装饰设计制图与识图　　　　　　**建筑装饰设计制图与识图**

平面图　立面图　剖面图　　　　　**平面图　立面图　剖面图**

图 1-18　长仿宋体字样　　　　　　　　　图 1-19　黑体字样

2. 字号选择

字的大小用字号来表示，字的号数即字的高度，字号与图幅无关。标注的文字高度要适中。同一类型的文字采用同一字号。较大的字用于概括性的说明内容，如图名、标题栏名等；较小的字用于细致的说明内容，如设计说明施工作法的内容等。

图纸中图名的标注文字应在字号和字体上区别于图样的详细标注文字。一般情况下，图名的字号大于图样的文字。文字的字高应符合表 1-9 的规定。汉字的字高，应不小于 3.5mm，手写汉字的字高一般不小于 5mm。字高大于 10mm 的文字宜采用 TrueType 字体，如需书写更大的字，其高度应按 $\sqrt{2}$ 的倍数递增。

13

文字的字高（mm）		表 1-9
字体种类	中文字体	TrueType 字体及非中文字体
字高	3.5、5、7、10、14、20	3、4、6、8、10、14、20

图纸中出现的拉丁字母、阿拉伯数字与罗马数字的字高，应不小于 2.5mm。当数字、字母与汉字并列书写时，其字号要比汉字小一号或二号，如图 1-20 为图名的标注，其中比例数字"1∶100"比"剖面图"小二号。

拉丁字母、阿拉伯数字可以直写，也可以斜写。斜体字的斜度是从字的底线逆时针向上倾斜 75°，字的高度与宽度应与相应的直体字相等，见图 1-21 所示。

剖面图 1∶100

图 1-20　图名的标注

ABCDEFGHIJKLMNOPQRSTUVWXYZ
Abcdefghijklmnopqrstuvwxyz
0123456789 Ⅰ Ⅱ ⅢⅣ Ⅴ Ⅵ
ABCDabcd123456 Ⅰ Ⅱ ⅢⅣ Ⅴ Ⅵ

图 1-21　数字、字母示例

习题： 1. 装饰设计制图中常用的文字字体有哪几种？

2. 哪几个拉丁字母不得用于定位轴线编号？

3. 图名与比例之间的字号如何选择？

第五节　定　位　轴　线

学习目标： 1. 了解定位轴线的作用。

2. 掌握各种形状平面定位轴线的标注方法。

3. 熟练应用定位轴线的编号查找图纸内容。

一、定位轴线的作用

定位轴线是为了标明建筑构件的位置及其之间的尺寸，标注在构件截面中心线上，如墙体、基础、梁、柱等结构中心位置上虚设的一道虚线。在建筑工程制图中表示墙体、柱网位置的符号称为定位轴线，如确定建筑的开间或柱距，进深或跨度的线都是定位轴线。建筑各部分的距离以轴线为标准标注相互间的尺寸。

有了定位轴线，可以准确、简明、有序地表示建筑平面的位置，在读图时，只要根据轴线表示的纵向和横向的位置，就能快速地找到平面或立面中的任何一个部分，如图 1-22 部位"▨"用定位轴线表示就是②-③与Ⓐ-Ⓑ构成的平面。

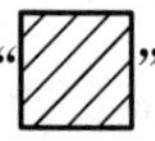

二、定位轴线的编号

为了使轴线清晰有序，定位轴线采用编号，

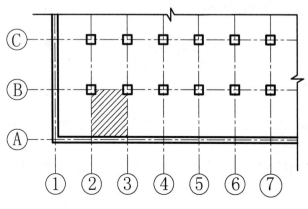

图 1-22　以定位轴线限定的平面位置

编号应标注在点画线端部的圆圈内。装饰制图中圆圈用直径为 8～10mm 的细实线绘制。定位轴线圆的圆心，应在定位轴线的延长线或延长线的折线上，如图 1-23 所示。

　　平面上定位轴线的编号，大多标注在图样的下方或左侧，如图 1-22。定位轴线分横向轴线和纵向轴线，垂直于长度方向的轴线为横向轴线，平行长度方向的轴线为纵向轴线。横向编号从左至右应用阿拉伯数字 1、2、3、4…表示；竖向编号自下而上应用大写拉丁字母 A、B、C、D 表示。但拉丁字母的 I、O、Z 由于容易和数字 1、0、2 混淆，所以不得用作轴线编号。如图面复杂字母数量不够使用，可增用双字母或单字母加数字注脚，如 A_A、B_A…Y_A 或 A_1、B_1…Y_1。

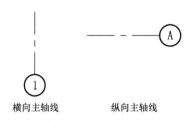

横向主轴线　　　　　纵向主轴线

图 1-23

　　形状复杂的平面图中的定位轴线也可采用分区编号，如图 1-24。编号的注写形式应为"分区号－该分区编号"。分区号采用阿拉伯数字或大写拉丁字母表示。在平面组合中会出现一个界面分属于两个区域的情况，可用一根轴线的两个轴线编号表示，如图 1-24 中⑴-D和⑶-A，⑴-7和⑵-1。

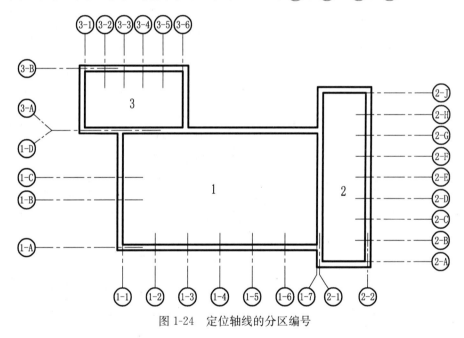

图 1-24　定位轴线的分区编号

三、附加定位轴线的编号

　　图纸上非承重墙及其他次要承重构件的位置，其定位轴线一般作为附加定位轴线。附加定位轴线的编号，应以分数形式表示，并应符合下列规定：

　　1. 两根轴线的附加轴线，应以分母表示前一轴线的编号，分子表示附加轴线的编号，编号宜用阿拉伯数字顺序编写，如：

　　$\frac{1}{2}$ 表示 2 号轴线之后附加的第一根轴线；

　　$\frac{3}{C}$ 表示 C 号轴线之后附加的第三根轴线。

　　2. 1 号轴线或 A 号轴线之前的附加轴线的分母应以 01 或 0A 表示，如：

①表示 1 号轴线之前附加的第一根轴线；

⑬表示 A 号轴线之前附加的第三根轴线。

四、特殊情况下轴线编号

1. 一个详图适用于几根轴线时，应同时注明各有关轴线的编号，见图 1-25。

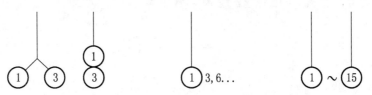

图 1-25　详图的轴线编号

2. 圆形与弧形平面图中的定位轴线，其径向轴线应以角度进行定位，其编号宜用阿拉伯数字表示，从左下角或-90°（若径向轴线很密，角度间隔很小）开始，按逆时针顺序编写；其环向轴线宜用大写阿拉伯字母表示，从外向内顺序编写，见图 1-26、图 1-27。

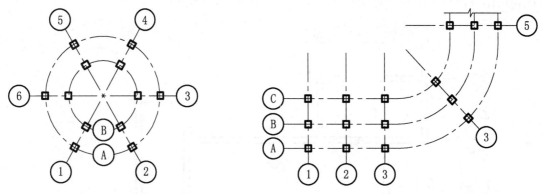

图 1-26　圆形平面定位轴线的编号　　　　图 1-27　弧形平面定位轴线的编号

3. 折线形平面图中定位轴线的编号可以自左到右、自下到上依次编写，如图 1-28 的形式。

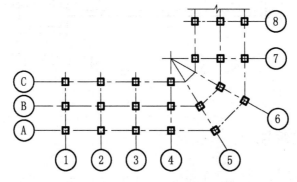

图 1-28　折线形平面定位轴线的编号

4. 通用详图中的定位轴线，应只画圆圈，不标注轴线编号。

习题： 1. 轴线编号⅜和⅗分别表示什么含义？

　　　　2. 绘图出圆形平面图，并标注中定位轴线及编号。

第六节　符　号

学习目标： 1. 熟练区分剖面符号和断面符号。

2. 掌握索引符号、详图符号的概念及表示方法。

3. 学会通过索引符号查找相应的详图。

一、剖切符号的作用及表示方法

在装饰平面图中可用剖切符号来表示剖面图所在的剖切位置。剖切符号分为用于剖视或断面两种，如图 1-29 所示。

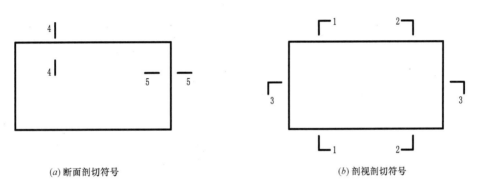

(a) 断面剖切符号　　　　　　　　　　　(b) 剖视剖切符号

图 1-29　剖切符号

1. 剖视剖切符号

剖切部位应在平面图上选择能反映设计目的和内容的具有代表性的位置。如图 1-30 所示，剖视剖切符号不宜与图面上的图线相接触。

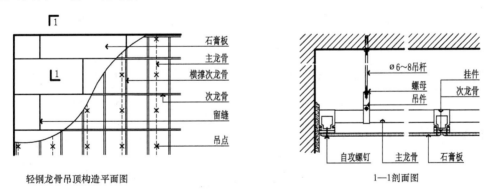

轻钢龙骨吊顶构造平面图　　　　　　　　　1—1剖面图

图 1-30　剖视剖切符号的应用

剖视图的剖切方向由平面图中的剖切符号来表示，如图 1-29。在平面图中标注剖切符号后，要在绘制的剖面图下方标明相对应的剖面图名称，如 1-1 剖面图，2-2 剖面图，3-3 剖面图等，如图 1-30。

剖视剖切符号由剖切位置线与剖视方向线组成，以粗实线绘制。剖切位置应能反映物体构造特征和设计需要标明部位，需要转折的剖切位置线，应在转角的外侧加注与该符号相同的编号。剖切位置线的长度宜为 6～10mm，剖视方向线应垂直于剖切位置线，长度应短于剖切位置线，宜为 4～6mm（剖切位置线大于剖视方向线）。剖切符号中的编号宜采用阿拉伯数字或字母，编写顺序按剖切部位在图样中的位置由左至右、由下至上编排，并标注在索引符号内，如图 1-31 所示。

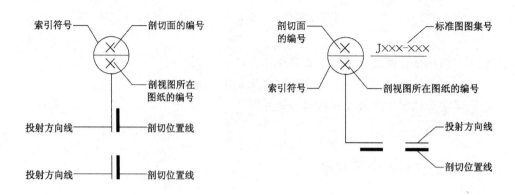

图 1-31　装饰设计制图中剖视的剖切符号

2. 断面剖切符号

断面的剖切符号应符合下列规定：

断面剖切符号由剖切位置线、引出线及索引符号组成。剖切位置线应以粗实线绘制，长度宜为 8～10mm。引出线由细实线绘制，连接索引符号和剖切位置线。断面的剖切符号的编号宜采用阿拉伯数字或字母，编写顺序按剖切部位在图样中的位置由左至右、由下至上编排，并应标注在索引符号内。如图 1-32 为断面剖切符号的表达方法。索引符号内编号的表示方法应符合本教材有关索引符号的规定。

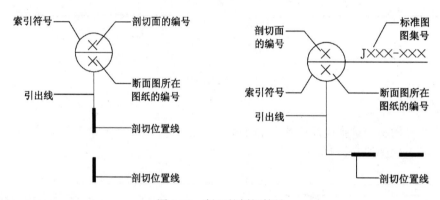

图 1-32　断面的剖切符号

如剖面图或断面图被剖切图样不在同一张图内，应在索引符号的下半部标明其所在图纸的编号，也可以在图上集中说明。

二、索引符号的作用及表示方法

索引符号表示被引出位置的指示符号。根据用途的不同可分为立面索引符号、剖切索引符号、详图索引符号、设备索引符号、部品部件索引符号、材料索引符号。

表示室内立面在平面上的位置及立面图所在图纸编号，应在平面图上使用立面索引符号（图 1-33 a～f）。

表示剖切面在界面上的位置或图样所在图纸编号，应在被索引的界面或图样上使用剖切索引符号，见图 1-34。

表示局部放大图样在原图上的位置及本图样所在页码，应在被索引图样上使用详图索引符号表示，见图 1-35。

表示各类设备（含设备、设施、家具、洁具等）的品种及对应的编号，应在图样上使用设备索引符号，见图 1-36。

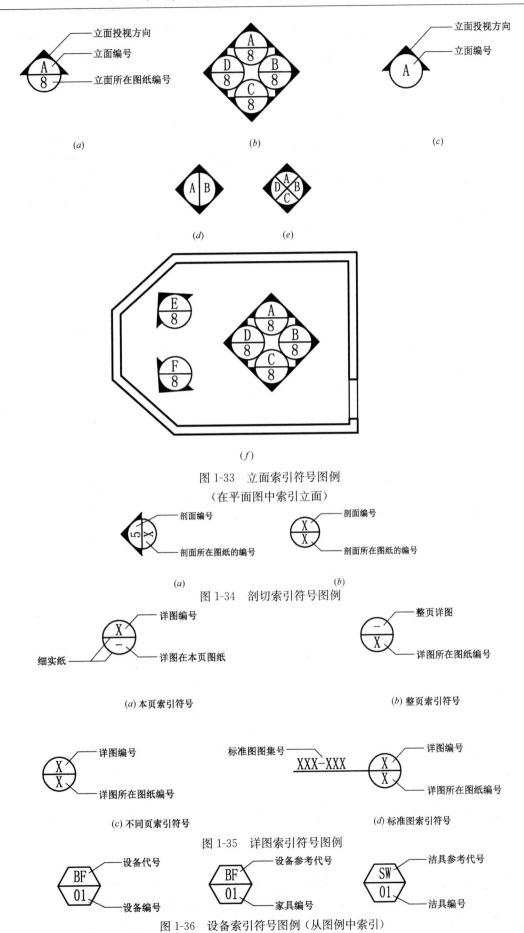

图 1-33　立面索引符号图例

（在平面图中索引立面）

图 1-34　剖切索引符号图例

(a) 本页索引符号　　　　　　　　　　　　(b) 整页索引符号

(c) 不同页索引符号　　　　　　　　　　　(d) 标准图索引符号

图 1-35　详图索引符号图例

图 1-36　设备索引符号图例（从图例中索引）

19

表示各类部品部件（含五金、工艺品及装饰品、灯具、门等）的品种及对应的编号，应在图样上使用部品部件索引符号，见图1-37。

表示各类材料的品种及对应的编号，应在图样上使用材料索引符号，见图1-38。

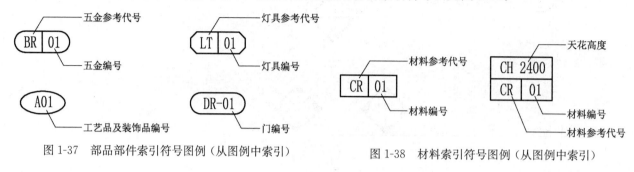

图1-37 部品部件索引符号图例（从图例中索引）　　　　图1-38 材料索引符号图例（从图例中索引）

三、详图符号的作用及表示方法

用放大比例的方法绘出的详细图形，称详图，见图1-39。详图的位置和编号，应以详图符号表示。详图符号由详图编号、标准图册代号和详图所在图纸序号组成。详图符号的圆应为直径14mm，以粗实线绘制。详图编号应符合下列规定：

1. 详图与被索引的图样同在一张图纸内时，应在详图符号内用阿拉伯数字标明详图的编号，见图1-40。

2. 详图与被索引的图样不在同一张图纸内时，应用细实线在详图符号内画一水平直径，在上半圆中标明详图编号，在下半圆中标明被索引图纸的编号，见图1-41。

图1-39 详图　　　　图1-40 与被索引图样同在　　　　图1-41 与被索引图样不在同一
　　　　　　　　　　　　一张图纸内的详图符号　　　　　　　张图纸内的详图符号

3. 索引出的详图，如采用标准图，应在索引符号水平直径的延长线上加注该标准图册的编号，见图1-42。

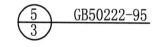

图1-42 采用标准图的详图符号

四、图名编号的作用及表示方法

由于装饰设计图纸内容丰富且复杂，图号的规范有利于图纸的绘制、查阅和管理，故编制图名编号。图名编号是用来表示图样的编排符号，应由圆、水平直径、图名和比例组成。圆及水平直径均应由细实线绘制，圆直径根据图面比例可选择8~12mm。

图名编号的绘制应符合下列规定：

1. 用来表示被索引出的图样时，应在圆圈内画一水平直径，上半圆中用阿拉伯数字或字母标明该图样编号，下半圆中用阿拉伯数字或字母标明该图索引符号所在图纸编号，见图1-43。

2. 索引出的详图图样如与索引图同在一张图纸内，应在圆圈内画一水平直径，圆圈的上半圆中用阿拉伯数字或字母标明编号，下半圆中间画一段水平细实线，见图1-44。

3. 图名编号引出的水平直线上端宜用中文标明该图的图名，其文字与水平直线前端对齐或居中。水平直线下端应标注比例。见图1-43、图1-44。

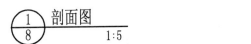

图1-43 索引图与被索引出的图样
不在同一张图纸的图名编号

图1-44 索引图与被索引出的图样同
在一张图纸内的图名编号

五、引出线的作用及表示方法

为了使文字说明、材料标注、索引符号等标注不影响图样的清晰，应采用引出线来表示。

1. 引出线的绘制

引出线应以细实线绘制，宜采用水平方向的直线，与水平方向成30°、45°、60°、90°的直线，或经上述角度再折为水平线。文字说明宜标注在水平线的上方，见图1-45（a），也可标注在水平线的端部，见图1-45（b）。索引详图的引出线，应与水平直径线相连接，见图1-45（c）。

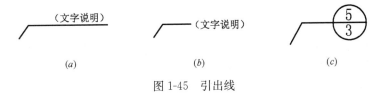

图1-45 引出线

装饰制图中引出线起止符号可采用圆点绘制，见图1-46（a），也可采用箭头绘制，见图1-46（b）。在一套图纸中通常只采用一种起止符号。起止符号的大小应与本图样尺寸的比例相协调。

2. 引出线的形式

引出线有共同引出线和多层引出线等形式。当几个相同部分同时作引出说明时采用共同引出线，共同引出线的绘制可采用互相平行线表示，也可画成集中于一点的放射线，见图1-47。

图1-46 引出线起止符号   图1-47 共同引出线

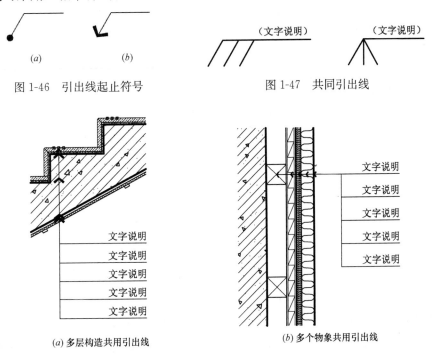

(a) 多层构造共用引出线   (b) 多个物象共用引出线

图1-48 多层引出线

21

当详图中多层构造需要作分层说明时可采用多层引出线，多层引出线应通过被引出的各层，并在方向上与被引各层垂直，如图 1-48（a）所示。另外还可用圆点表示对应的各构造层次。文字说明宜注写在水平线的上方，或注写在水平线的端部，说明的文字排列应与被说明的层次对应一致，如图 1-48（a）、（b）所示。

引出线线上的文字说明应与构造层次一致，如图 1-49 所示。说明的顺序应由上至下，并应与被说明的层次相互一致，见图 1-49（a）、（b）；如层次为横向排序，则由上至下的说明顺序应与由左至右的层次相互一致，见图 1-49（c）、（d）。

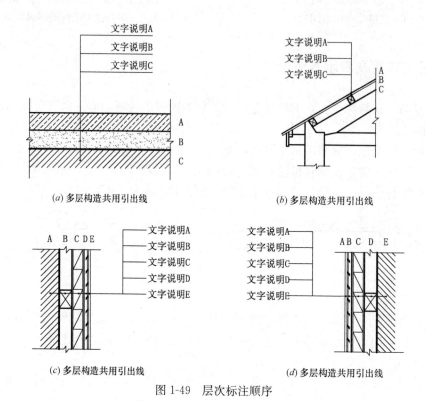

（a）多层构造共用引出线　　　　　　　（b）多层构造共用引出线

（c）多层构造共用引出线　　　　　　　（d）多层构造共用引出线

图 1-49　层次标注顺序

六、其他符号的表示方法

1. 对称符号

对称符号由对称线和分中符号组成。对称线用细单点长划线绘制；分中符号用细实线绘制，分中符号可采用两对平行线或英文字母缩写。采用平行线为分中符号时，平行线用细实线绘制，其长度宜为 6～10mm，每对的间距宜为 2～3mm；对称线垂直平分于两对平行线，两端超出平行线宜为 2～3mm，如图 1-50（a）所示；采用英文缩写为分中符号时，大写英文 CL 置于对称线一端，如图 1-50（b）所示。

2. 连接符号

连接符号应以折断线或波浪线表示需连接的部位。连接的两部位相距过远时，折断线或波浪线两端靠图样一侧应标注大写拉丁字母表示连接编号。两个被连接的图样必须用相同的字母编号，如图 1-51 所示。

3. 指北针

指北针的基本画法如图 1-52 所示，其圆的直径宜为 24mm，用细实线绘制；指针尾部的宽度宜为 3mm，指针头部应注"北"或"N"字。需用较大直径绘制指北针时，指针尾部的宽度宜为直径的 1/8，装饰制图中指北针的画法形式多样，但基本内容应与制图标准的规定一致。指北针应绘制在装饰设计整套图纸的第一张平面图上，并应位于明显位置。

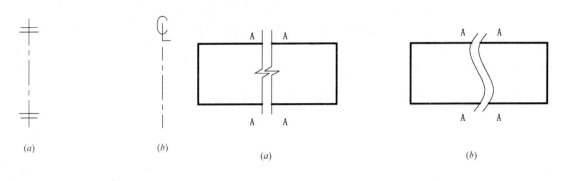

图 1-50　对称符号　　　　　　　　　　　图 1-51　连接符号

4. 云线

装饰制图中对图纸中局部变更部分宜采用云线界定位置，并宜注明修改版次，云线的基本画法如图 1-53 所示。

图 1-52　指北针　　　　　　　　　　　　图 1-53　变更云线

5. 转角符号

转角符号以垂直线连接两端交叉线并加注角度符号表示，如图 1-54 所示。转角符号用于表示立面的转折。

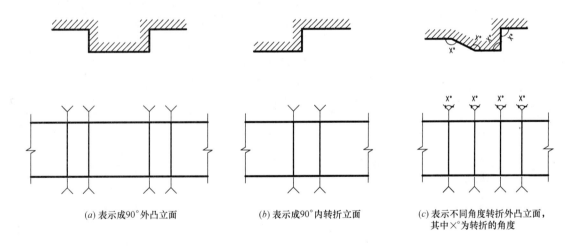

(a) 表示成90°外凸立面　　　　(b) 表示成90°内转折立面　　　　(c) 表示不同角度转折外凸立面，
　　　　　　　　　　　　　　　　　　　　　　　　　　　　　　　　其中 ×° 为转折的角度

图 1-54　转角符号

习题： 1. 指北针应绘制在装饰图纸的什么图上？

2. 绘图表示引出线上的文字标注顺序。

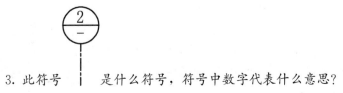

3. 此符号　　　　　是什么符号，符号中数字代表什么意思？

第七节　尺寸标注

学习目标：1. 掌握各部分尺寸标注的要求。
　　　　　　　2. 掌握圆、角度、弧长的标注方法。
　　　　　　　3. 了解尺寸的简化标注方法。

一、尺寸标注的意义

在装饰制图中，图形只能表达空间的形状，空间各部分的大小还必须通过标注尺寸并标注相关说明才能了解，并作为施工的依据。因此尺寸标注是图样的重要组成，是识图的重要内容。

在国家标准《房屋建筑制图统一标准》GB/T 50001—2010 中对尺寸标注的各项内容，如尺寸数字的大小、尺寸界线、尺寸线、尺寸起止符号等都作了相应的规定。

二、尺寸界线、尺寸线、尺寸起止符号及尺寸数字

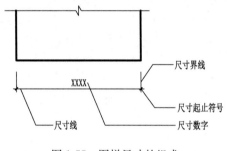

图 1-55　图样尺寸的组成

1. 尺寸标注的组成与要求

图样的尺寸表示，由尺寸界线、尺寸线、尺寸起止符号和尺寸数字这四部分组成，如图 1-55 所示。其中，尺寸界线是标注图样轮廓范围的控制线；尺寸线用来表示标注尺寸的范围；尺寸起止符号表示尺寸的起点和止点；尺寸数字表示的是建筑物或建筑装饰形体的实际大小，它与图样的比例和精度无关。图样上的尺寸，应以尺寸数字为准，不得从图样上直接量取。

2. 尺寸界线、尺寸线、尺寸起止符号及尺寸数字的绘制要求

各类图样尺寸的标注要求见表 1-10。

尺寸标注各组成部分的绘制要求　　　　　　　　　　表 1-10

组成	绘制要求	图例
尺寸界线	(1)应用细实线绘制，并与被注长度垂直，其一端应离开图样轮廓线不小于 2mm，另一端宜超出尺寸线约 2～3mm； (2)允许用图样轮廓线、中心线作为尺寸界线，见右图	≥2mm　2～3mm
尺寸线	(1)表示要标注轮廓线的方向，应用细实线绘制； (2)应与所标注的线段平行，与轮廓线的间距不宜小于 10mm，互相平行尺寸线间距为 7～10mm； (3)为了避免图样边界线与尺寸线混淆，图样本身的任何图线均不得用作尺寸线； (4)尺寸线不超过尺寸界线	尺寸界线　尺寸起止符号　尺寸线　尺寸数字
尺寸起止符号	(1)可用中粗斜短线绘制，其倾斜方向应与尺寸界线成顺时针 45°角，长度宜为 2～3mm，见图 1-55； (2)半径、直径、角度与弧长的尺寸起止符号，宜用箭头表示，见右图； (3)当相邻尺寸界线间距很小时，尺寸起止符号可用黑色圆点绘制，其直径宜为 1mm	4b～5b　≥15°

续表

组成	绘制要求	图　例
尺寸数字	(1)标注在尺寸线的中部上方,也可将尺寸线断开,中间标注尺寸数字; (2)图样上的尺寸单位,除标高及总平面以米为单位外,其他必须以毫米为单位; (3)尺寸数字的方向,应按右图(a)的规定注写,若尺寸数字在30°斜线区内,也可按右图(b)的形式标注; (4)任何图线不得穿交尺寸数字,不可避免时,图线必须断开; (5)尺寸数字应标注在靠近尺寸线的上方中部;若没有足够的标注位置,最外边的尺寸数字可标注在尺寸界线的外侧,中间相邻的尺寸数字可上下错开标注在离该尺寸线较近处,或用引出线引出标注,引出线端部用圆点表示标注尺寸的位置,如右图(c); (6)水平尺寸线上的数字,字头要朝上,垂直尺寸线上的数字,字头要朝左	

三、尺寸的排列与布置的方法

尺寸分为总尺寸、定位尺寸、细部尺寸三种。绘图时，应根据设计深度和图纸用途确定所需标注的尺寸，其中细部尺寸之和与总尺寸必须一致。尺寸标注应做到准确、清晰，阅读方便。对尺寸的排列与布置应满足下列要求：

（1）尺寸标注应在图样轮廓线以外，不应与图线、文字及符号等相交或重叠，见图1-56（a）。有时，图样轮廓线也可用作尺寸界线，如标注在图样轮廓线以内时，尺寸数字处的图线应断开，如图1-56（b），图1-56（c）为装饰图纸常用的尺寸数字注写方式，如尺寸标注在图样轮廓线以内时，图样轮廓线也可用作尺寸界线。

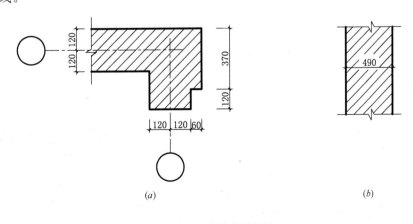

图1-56　尺寸数字的标注

25

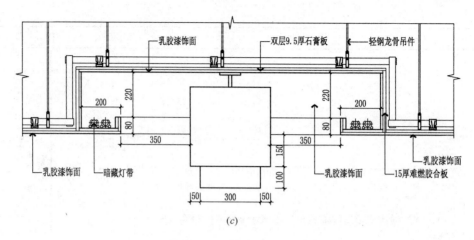

图 1-56　尺寸数字的标注（续）

（2）互相平行的尺寸线排列，应从被标注的图样轮廓线由近向远整齐排列，较小尺寸应离轮廓线较近，较大尺寸应离轮廓线较远，且各层的尺寸线总长度应一致。图 1-57 为装饰制图中表示轮廓常用的尺寸标注方式。

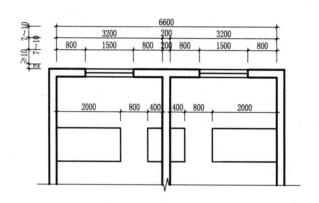

图 1-57　尺寸的排列

（3）图样轮廓线以外第一层尺寸线距图样最外轮廓之间的距离，不宜小于 10mm。平行排列的尺寸线的间距，宜为 7～10mm，并应保持一致，如图 1-57 所示。

（4）尺寸线应与被注长度平行，两端不宜超出尺寸界线，如图 1-57 所示。

（5）总尺寸的尺寸界线应靠近所指部位，中间分尺寸的尺寸界线可稍短，但其长度应相等。总尺寸应标注在图样轮廓以外，定位尺寸及细部尺寸可根据用途和内容可标注在图样外或图样内相应的位置，如图 1-57 所示。

四、半径、直径、圆、球的尺寸标注方法

装饰设计制图中圆弧、圆、球体的尺寸标注，通常标注其直径或半径。

1. 半径的标注

半径的尺寸线应一端从圆心开始，另一端画箭头指向圆弧。半径数字前应加注半径符号"R"，加注半径符号 R 时，"R20"不能注写为"$R=20$"或"$r=20$"，图 1-58（a）、（b）为装饰制图常用的半径标注方法。

图样内图线较多时，可按图 1-58（b）形式标注。

较小圆弧的半径，可按图 1-59 形式标注。

较大圆弧的半径，可按图 1-60 形式标注。

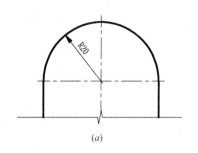

(a)

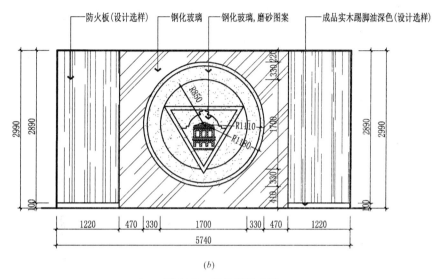

(b)

图 1-58　半径标注方法

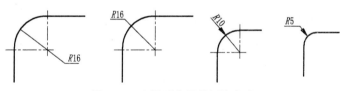

图 1-59　小圆弧半径的标注方法

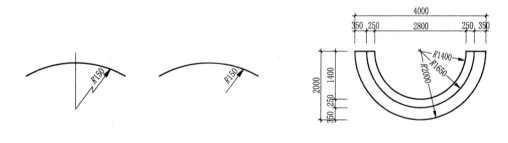

服务台平面

图 1-60　大圆弧半径的标注方法

2. 直径的标注

标注圆的直径尺寸时，直径数字前应加直径符号"ϕ"。在圆内标注的尺寸线应通过圆心，两端画箭头指至圆弧，加注直径符号 ϕ 时，"ϕ"不能注写为"$\phi=60$"、"$D=60$"或"$d=60$"，应如图 1-61 所示。

较小圆的直径尺寸，可标注在圆外，见图 1-62。

3. 圆球的标注

标注圆球的半径尺寸，应在半径数字前加注符号"SR"。标注圆球的直径尺寸，应在直径数字前加注符号"$S\phi$"。标注方法与圆弧半径和圆直径的尺寸标注方法相同，如图 1-63 所示。

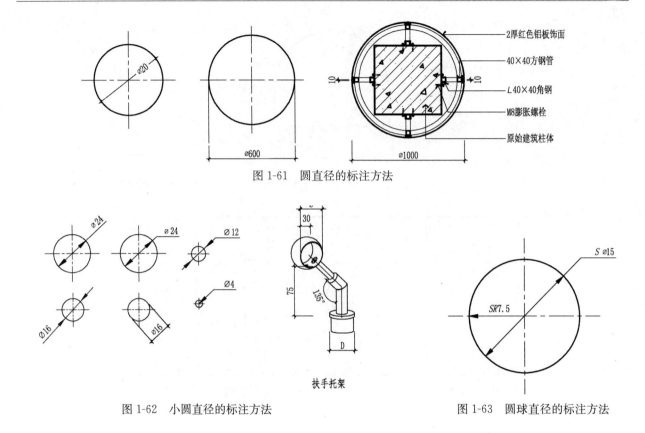

图 1-61　圆直径的标注方法

图 1-62　小圆直径的标注方法

图 1-63　圆球直径的标注方法

五、角度、弧度、弧长的标注方法

标注角度时，应以角的两边作为尺寸界线，尺寸线应以圆弧表示，该角的顶点作为圆弧的圆心，起止符号应以箭头表示，如没有足够位置画箭头，可用圆点代替，角度数字应沿尺寸线方向标注，如图 1-64 所示。

标注圆弧的弧长时，尺寸线应以与该圆弧同心的圆弧线表示，尺寸界线应指向圆心，起止符号用箭头表示，弧长数字上方应加注圆弧符号"⌒"，如图 1-65 所示。

标注圆弧的弦长时，尺寸线应以平行于该弦的直线表示，尺寸界线应垂直于该弦，起止符号用中粗斜短线表示，见图 1-66。

图 1-64　角度标注方法

图 1-65　弧长标注方法

图 1-66　弦长标注方法

六、薄板厚度、正方形、坡度、非圆曲线等尺寸的标注方法

1. 薄板厚度的标注

在薄板板面标注板厚尺寸时，应在厚度数字前加厚度符号"t"，见图 1-67。

2. 正方形尺寸的标注

标注正方形的尺寸，可用"边长×边长"的形式，也可在边长数字前加正方形符号"□"，见图 1-68。

3. 坡度：标注坡度时，应加注坡度符号，用单面箭头表示，如图 1-69（a、b）所示，该符号为单面箭头，箭头应指向下坡方向。坡度也可用直角三角形形式标注，如图 1-69（c）所示。

4. 非圆曲线：外形为非圆曲线的构件，可用坐标形式标注尺寸，如图 1-70 所示。复杂的图形，可用网格形式标注尺寸，如图 1-71 所示。

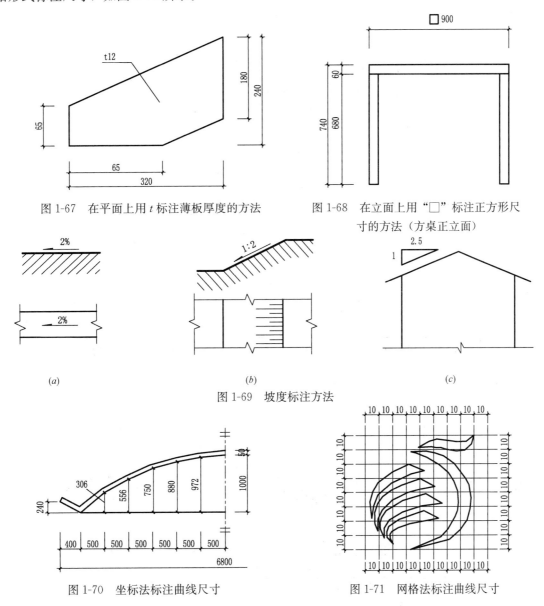

图 1-67　在平面上用 t 标注薄板厚度的方法　　　图 1-68　在立面上用"□"标注正方形尺寸的方法（方桌正立面）

（a）　　　　　　　　　　　（b）　　　　　　　　　　　（c）

图 1-69　坡度标注方法

图 1-70　坐标法标注曲线尺寸　　　　　　图 1-71　网格法标注曲线尺寸

七、尺寸的简化标注方法

通常，在保证不致引起误解和不产生多义性理解的前提下，力求简化尺寸标注。可以对图样的尺寸作简化标注的情况主要有以下几种：

1. 杆件或管线的长度，在单线图（桁架简图、钢筋简图、管线简图）上，可直接将尺寸数字沿杆件或管线的一侧注写，如图 1-72 所示。

2. 连续排列的等长尺寸，可用"等长尺寸×个数＝总长"，如图 1-73（a）的标注形式；或"等分×个数＝总长"，见图 1-73（b）的标注形式；图 1-73（c）为装饰图纸常用的标注方式。

3. 设计图中连续重复的构配件等，当不易标明定位尺寸时，可在总尺寸的控制下，定位尺寸不用数值而用"均分"或"EQ"字样表示，如图 1-74 所示。

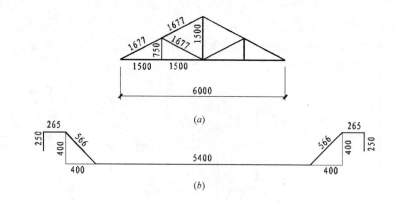

图 1-72 单线图尺寸标注方法

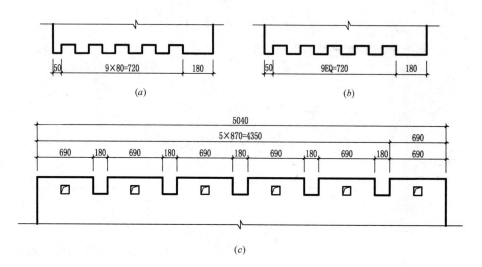

图 1-73 等长尺寸简化标注方法

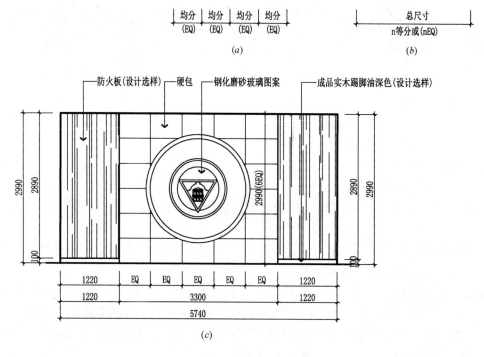

图 1-74 均分尺寸简化标注方法

4. 如构配件内的多个构件元素（如孔、槽等）相同，可仅标注其中一个元素的尺寸，如图 1-75 所示。

5. 对称物体可采用对称省略画法，该对称物体的尺寸线应略超过对称符号，仅在尺寸线的一端画尺寸起止符号，尺寸数字应按完整的全尺寸标注，其标注位置宜与对称符号对齐，如图 1-76（a）、（b）所示。

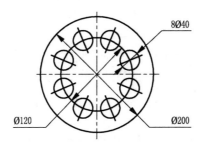

图 1-75　相同元素的尺寸标注方法

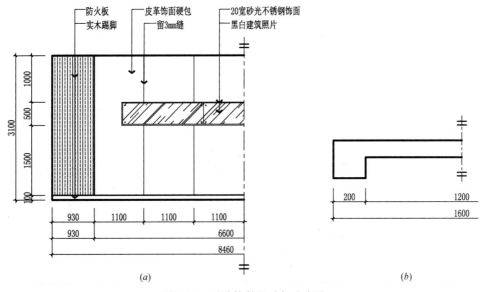

（a）　　　　　　　　　　　　　　　　　　（b）

图 1-76　对称构件尺寸标注方法

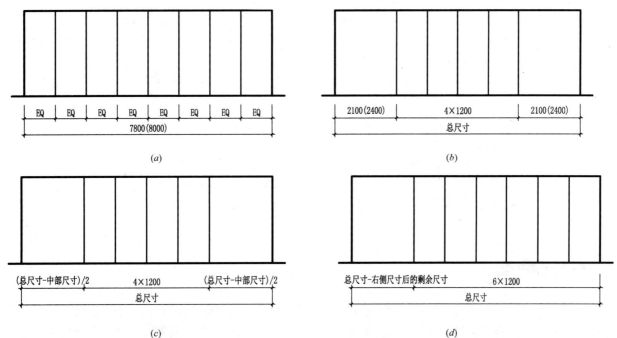

（a）　　　　　　　　　　　　　　　　　　（b）

（c）　　　　　　　　　　　　　　　　　　（d）

图 1-77　相似构件尺寸标注方法

6. 当一个装饰物体（面）不易标明定位尺寸时，可在总尺寸的控制下，定位尺寸不用数值而用"均分"或"EQ"字样表示，见图1-77（a）；

当两个装饰物体（面）仅个别尺寸数字不同时，可在同一图样中标注两个尺寸，将其中一个装饰物体（面）的不同尺寸数字注写在括号内，见图1-77（b）；

当一个装饰物体（面）不能确定总尺寸，但需要准确确定部分装饰物体（面）的尺寸时，可采用图1-77（c）和图1-77（d）的方法表示。

7. 在装饰构造中，如仅有某些尺寸不同，这些有变化的尺寸数字，可用拉丁字母注写在同一图样中，另列表格写明其具体尺寸，见图1-78和表1-11。

格片高a	格片宽b	格片中距c	格片高a	格片宽b	格片中距c
50	10	75	60	15	150
50	10	90	80	15	200
50	10	100	100	20	300
50	10	120		30	

不同型号铝方格的尺寸（mm）　　　　表1-11

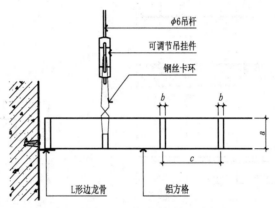

图1-78　相似构造的不同尺寸用表格标注

习题： 1. 为什么图样本身的任何图线均不得用作尺寸线？

2. 在什么情况下尺寸可标注在平面图内，并应注意哪些问题？

3. 了解什么情况下尺寸用"m"表示，什么情况下尺寸用"mm"表示，什么情况下"m"可标注到0.00m，什么情况下标注到0.000m。

4. 尺寸起止符号倾斜方向应与_____线成_____针旋转45°。

第八节　标　　高

学习目标： 1. 掌握标高的作用、单位。

2. 掌握总图、平面图、立面图、剖面图、详图等图样的标高标注要求。

3. 掌握标高的绘制要求。

一、标高的概念

标高是反映建筑物及其环境的绝对高度和相对高度的符号。绝对标高，是以一个国家或地区统一规定的基准面作为零点的标高，我国是把夏季黄海平均海平面定为绝对标高的零点，其他各地标高以此为基准，在总图上等高线所标注的高度就为绝对标高。建筑设计中的相对标高是把室内首层地面高度定为相对标高的零点，零点标高应注写成±0.000，低于该点时前面要标上负号"一"，例如－0.600。高于该点时不加任何符号，如3.000。在建筑室内装饰设计中，以装修完成后的楼面、地面为±0.000。

二、标高的表示方法

1. 总图上的标高符号

建筑室内装饰中总平面图的标高与建筑总图的标高有一定的区别。室内装饰设计总图上室外地坪的标高符号以涂黑的三角形表示。标高符号的尖端指向被标注高度，箭头可向上、向下，如图1-79（a）所示。总图上的标高还可以用部分涂黑的圆圈表示，如图1-79（b）。总图上标高数字可以注写到小数字点以后第三位，如0.100。

图1-79 总平面图室外地坪标高符号

2. 室内图样上的标高符号

室内图样上的标高以细实线绘制的直角等腰三角形加引出线表示，见图1-80（a）。标高符号也可采用涂黑的三角形或90°对顶角的圆，见图1-80（b）、图1-80（c），标注顶棚标高时也可采用CH符号表示，见图1-80（d）。

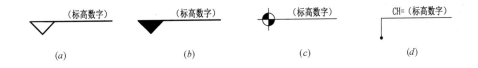

图1-80 室内图样的标高符号

标高符号的尖端应指至被注高度的位置。尖端宜向下，也可向上。标高数字以米（m）为单位，注写到小数点后第三位，同时要注意标注方向，当标高符号指向下时，标高数字标注在左侧或右侧横线的上方；当标高符号指向上时，标高数字注写在左侧或右侧横线的下方，见图1-81。

在图样的同一位置需表示几个不同标高时，标高应按数值大小从上到下顺序书写，见图1-82的注写形式。

图1-81 标高的指向和数字   图1-82 同一位置注写多个标高数字

3. 复合标高符号

在贯通空间中，子、母空间共有一个顶界面，且底界面具有高差时，应使用复合标高符号。对于顶棚而言，子空间的标高可用复合标高符号表示，即子空间装饰标高与母空间装饰标高的组合，其标高数字表示方式为：子空间装饰标高数值（母空间装饰标高数值），见图1-83（a）。

顶棚平面的标高由垂直相对应的装修楼面、地面及其他水平面的距离确定。在顶层的顶棚平面中对于装修底层地面而言的标高，应标注自装修底层地面至顶层顶棚的垂直距离。在顶棚平面中对于顶层装修地面而言的标高，应标注自装修三层地面至顶层顶棚的垂直距离。对于地柜、地台上空至顶棚或其他上空任何水平面的标高应标注它们之间的垂直距离。见图1-83（b）。

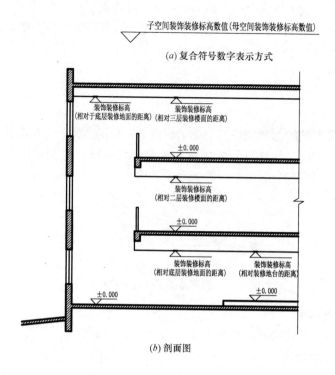

图 1-83　表示复合标高符号的方法

4. 立面图、剖面图及详图的高度应注写完成面标高或垂直方向尺寸；不易标注垂直距离尺寸时，可在相应位置表示完成面标高，见图 1-84。

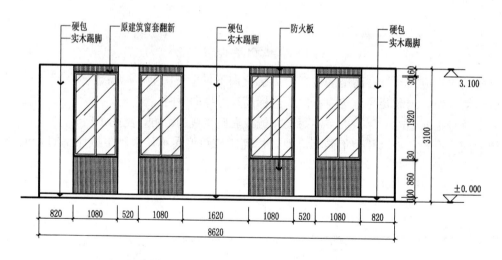

图 1-84　垂直方向尺寸及标高的注写方法

三、标高符号的画法

标高符号的具体画法如图 1-85 所示。

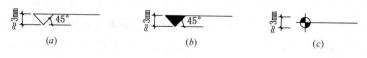

图 1-85　标高符号的画法

习题： 1. 在正标高数字前加"＋"是否正确？

2. 标高符号"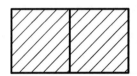"表示什么？

第九节　装饰设计制图的常用图例

学习目标： 1. 掌握图例绘制的一般规定。

2. 掌握常用建筑装饰材料平/立面、剖面图例的画法。

3. 掌握常用装饰材料的图例，掌握家具、灯具的图例，了解植物、构筑物的图例。

一、图例的一般规定

建筑设计制图标准中现有的图例大多可以在装饰设计制图中使用，但它不能包含装饰设计中所有材料的图例，因此装饰设计中所用图例要多于建筑设计。装饰设计中通常需要水、电、空调等设备专业的配套，因此装饰设计中经常有设备的图例。在制图中对图例的表示，应符合以下规定：

1. 图例线应间隔均匀，疏密适度，做到图例正确，表达清晰。

2. 不同品种的同类材料使用同一图例时，应在图上附加必要的说明（如某些特定部位的石膏板注明是防水石膏板）。

3. 两个相同的图例相接时，图例线宜错开或使倾斜方向相反，如图 1-86 所示。

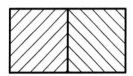

图 1-86　相同图例相接时的画法

4. 两个相邻的涂黑图例（如混凝土构件、金属件）间，应留有空隙。其净宽度不得小于 0.5mm，如图 1-87 所示。

5. 要画出的建筑材料图例面积过大时，可在断面轮廓线内，沿轮廓线作局部表示，如图 1-88 所示。

图 1-87　相邻涂黑图例的画法

图 1-88　局部表示图例

6. 当出现一张图纸内的图样只用一种图例，或图形较小无法画出建筑材料图例时，可不加图例，但应加文字说明。

二、常用建筑材料、装饰材料的剖面图例

装饰制图中常用的建筑材料、装饰材料的剖面图例可按表 1-12 中图例画法绘制。

常用建筑装饰材料剖面图例 表 1-12

序号	名称	图例(剖面)	备注
1	夯实土壤		
2	砂砾石、碎砖三合土		
3	石材		标明厚度
4	毛石		必要时标明石料块面大小及品种
5	普通砖		包括实心砖、多孔砖、砌块等砌体。断面较窄不易绘出图例线时，可涂黑，并在备注中加说明,画出该材料图例
6	轻质砌块砖		指非承重砖砌体
7	轻钢龙骨板材隔墙		标明材质
8	饰面砖		包括铺地砖、墙面砖、陶瓷锦砖等
9	混凝土		(1)指能承重的混凝土； (2)各种强度等级、骨料、添加剂的混凝土； (3)断面图形小，不易画出图例线时，可涂黑
10	钢筋混凝土		(1)指能承重的钢筋混凝土； (2)各种强度等级、骨料、添加剂的混凝土； (3)在剖面图上画出钢筋时，不画图例线； (4)断面图形小，不易画出图例线时，可涂黑
11	多孔材料		包括水泥珍珠岩、沥青珍珠岩、泡沫混凝土、非承重加气混凝土、软木、蛭石制品等
12	纤维材料		包括矿棉、岩棉、玻璃棉、麻丝、木丝板、纤维板等
13	泡沫塑料材料		(1)包括聚苯乙烯、聚乙烯、聚氨酯等多孔聚合物类材料； (2)若对于手工制图难以绘制蜂窝状图案时，可使用"多孔材料"图例并增加文字说明，或自行设定其他表示方法
14	密度板		标明厚度
15	木材	(垫木、木砖或木龙骨) (横断面) (纵断面)	
16	胶合板		标明厚度或层数

续表

序号	名称	图例（剖面）	备注
17	多层板	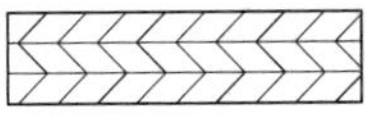	标明厚度或层数
18	木工板	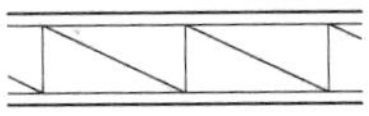	标明厚度
19	石膏板	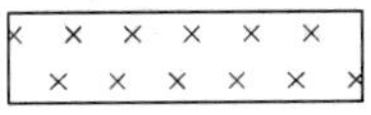	(1)标明厚度； (2)标明石膏板品种名称
20	金属	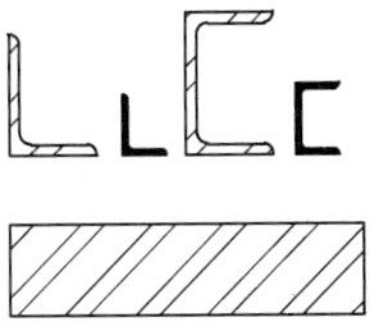	(1)包括各种金属，标明材料名称； (2)图形小时，可涂黑
21	液体	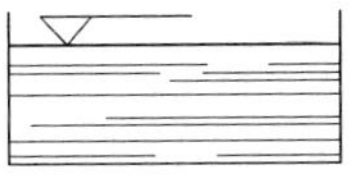	标明具体液体名称
22	玻璃砖	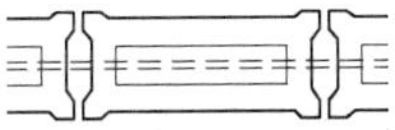	标明厚度
23	普通玻璃	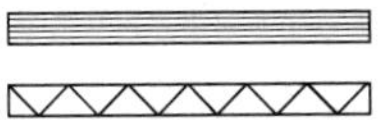	(1)标明材质、厚度； (2)本图例采用较均匀的点
24	橡胶		
25	塑料	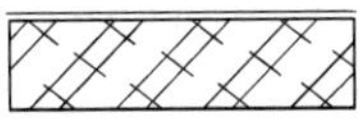	包括各种软、硬塑料及有机玻璃等
26	地毯	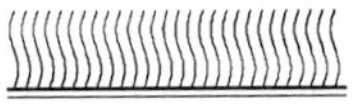	标明种类
27	防水材料		标明材质、厚度
28	粉刷	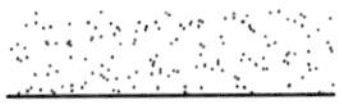	本图例采用较稀的点
29	窗帘	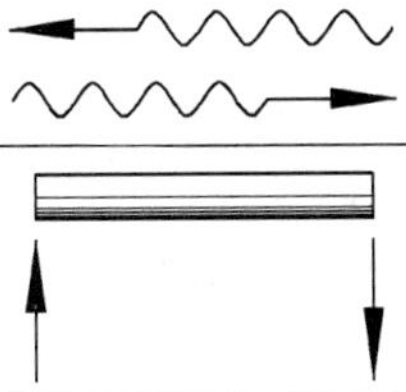	箭头所示为开启方向
30	砂、灰土		靠近轮廓线绘制较密的点
31	胶粘剂	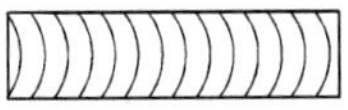	

注：序号1、3、5、6、10、11、16、17、20、24、25图例中的斜线、短斜线、交叉斜线等均为45°。

三、常用建筑材料、装饰材料的平/立面图例

装饰制图中常用的建筑材料、装饰材料的平/立面图例可按表1-13中图例画法绘制。

常用建筑装饰材料平、立面图例　　　　　　　　　　表 1-13

序号	名称	图例(平/立面)	备注
1	混凝土		
2	钢筋混凝土		
3	泡沫塑料材料		
4	金属		
5	不锈钢		
6	液体		标明具体液体名称
7	普通玻璃		标明材质、厚度
8	磨砂玻璃		(1)标明材质、厚度； (2)本图例采用较均匀的点
9	夹层(夹绢、夹纸)玻璃		标明材质、厚度
10	镜面		标明材质、厚度
11	镜面石材		
12	毛面石材		
13	大理石		
14	文化石立面		
15	砖墙立面		

序号	名称	图例(平/立 面)	备注
16	木饰面	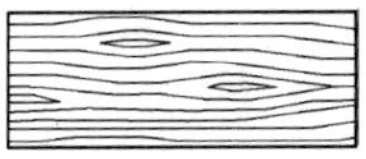	
17	木地板	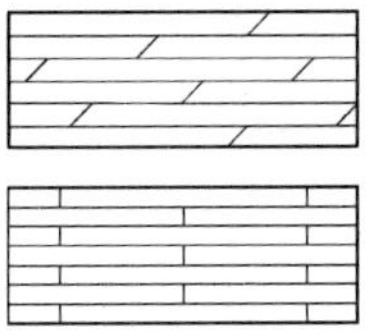	
18	墙纸	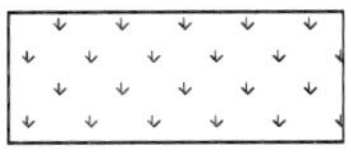	
19	软包/蒙皮	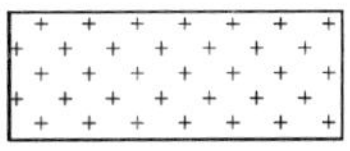	
20	马赛克	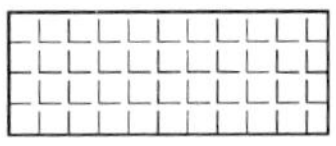	
21	地毯	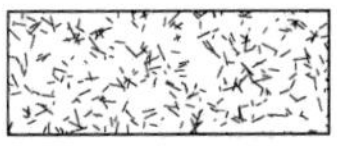	

注：序号 2、4、5、7、9、11、12 图例中的斜线、短斜线、交叉斜线等均为 45°。

四、常用家具图例

装饰制图中常用的家具图例可按表 1-14 中的图例画法绘制。

常用家具图例　　　　　　　　　　　　　　　　　表 1-14

序号	名称		图例	
			《标准》中收录的图例	可参照使用的图例
1	沙发	单人沙发	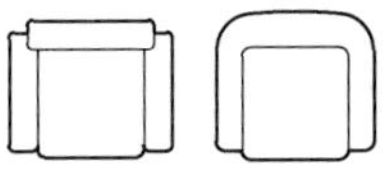	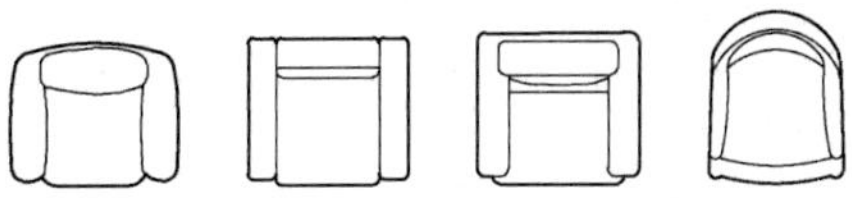
		双人沙发	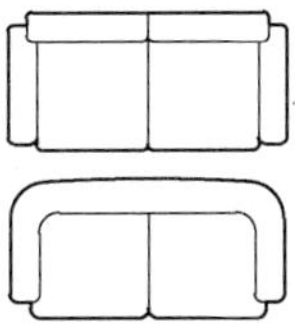	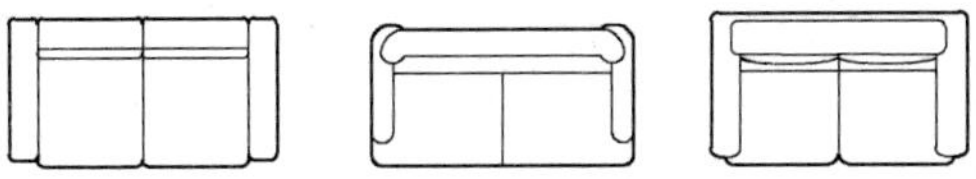
		三人沙发	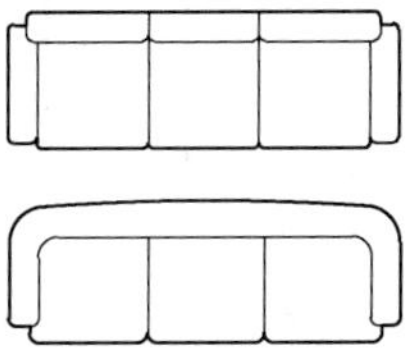	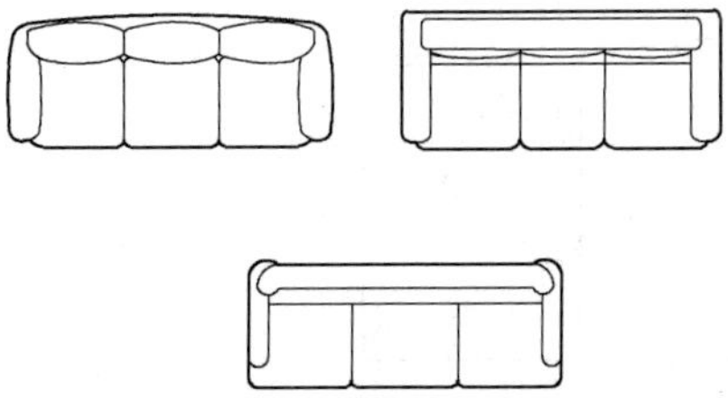

续表

序号	名称	图例	
		《标准》中收录的图例	可参照使用的图例
2	办公桌		
3	椅	办公椅	
		休闲椅	
		躺椅	
4	床	单人床	
		双人床	

序号	名称		图例	
		《标准》中收录的图例	可参照使用的图例	
5	橱柜	衣柜		
		低柜		
		高柜		
6	异形沙发			
7	会议桌			
8	餐桌椅			
9	电视柜			

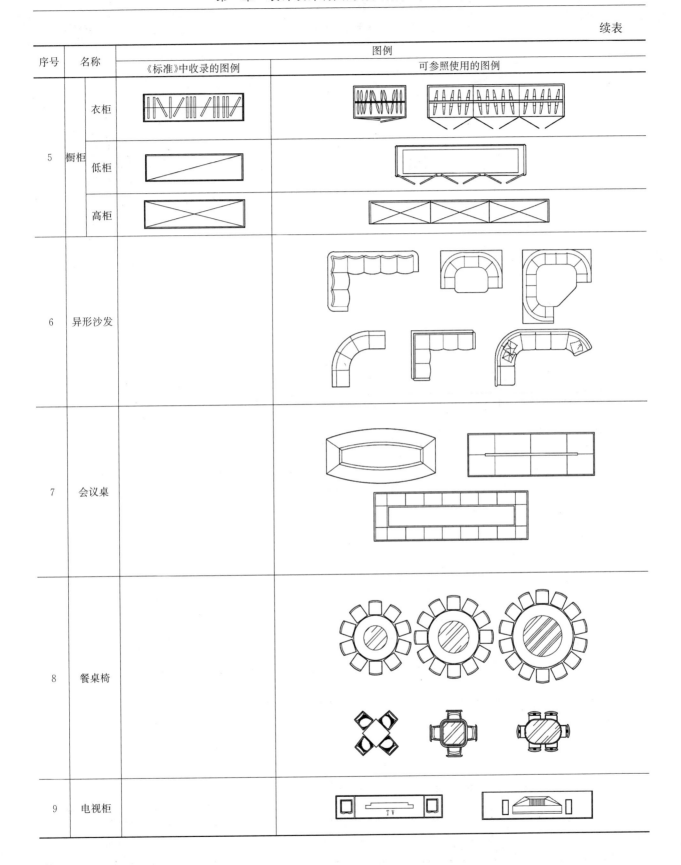

五、常用电器图例

装饰制图中常用的电器图例可按表1-15中的图例画法绘制。

常用电器图例 表 1-15

序号	名称	图例	
		《标准》中收录的图例	可参照使用的图例
1	电视	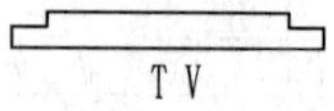 TV	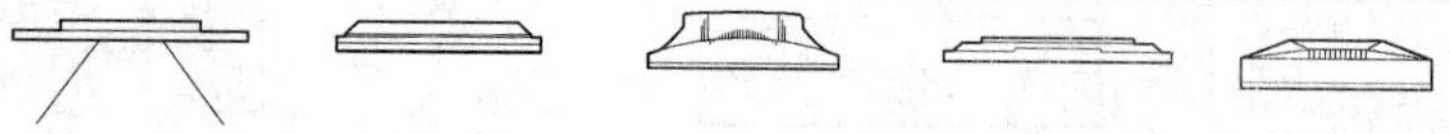
2	冰箱	 REF	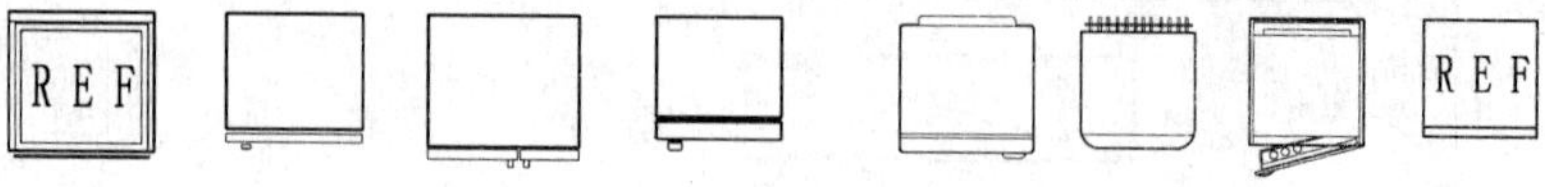
3	空调	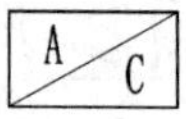 A/C	
4	洗衣机	 W/M	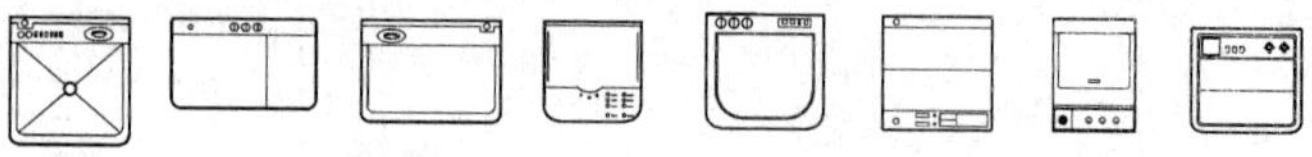
5	饮水机	 WD	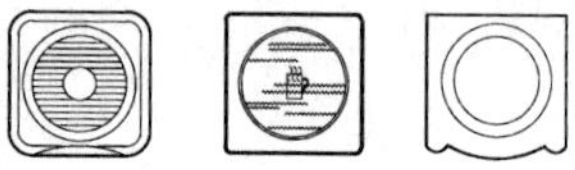
6	电脑	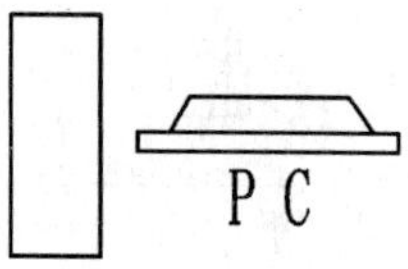 PC	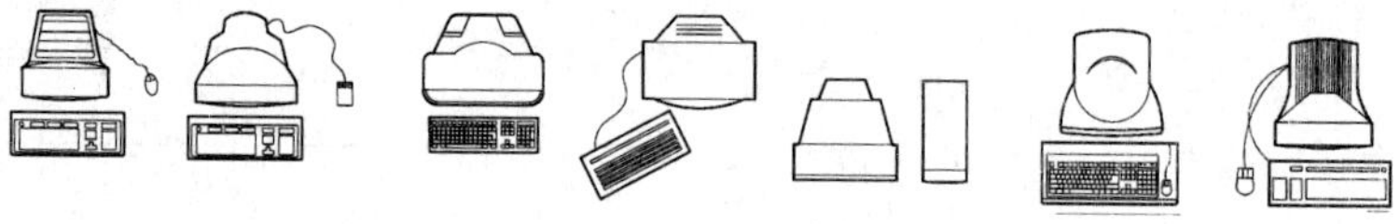
7	电话	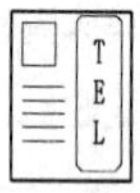 TEL	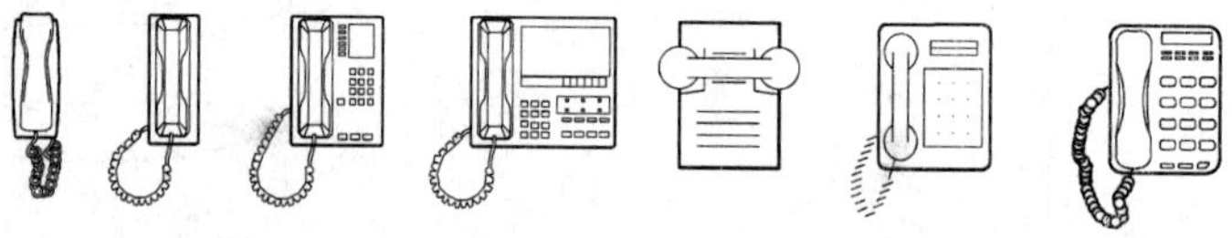
8	打印机		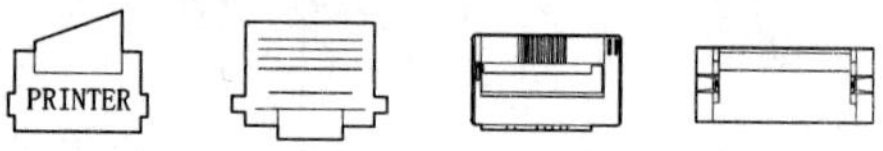 PRINTER
9	复印机		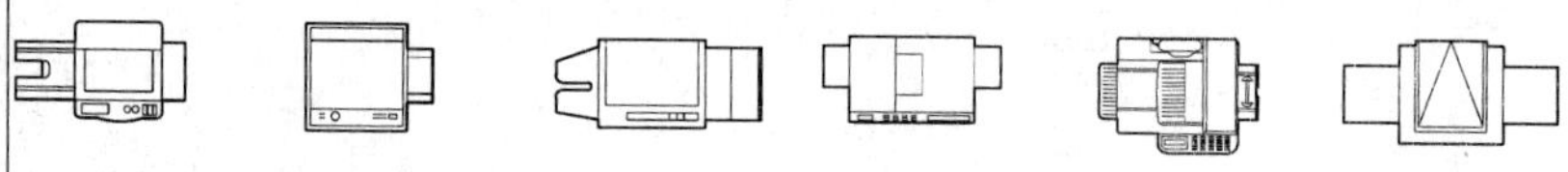
10	绘图仪		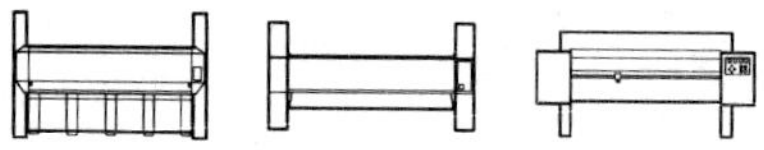

六、常用厨具图例

装饰制图中常用的厨具图例可按表 1-16 中的图例画法绘制。

常用厨具图例 表 1-16

序号	名称	图例	
		《标准》中收录的图例	可参照使用的图例
1	单头灶	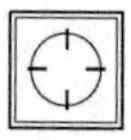	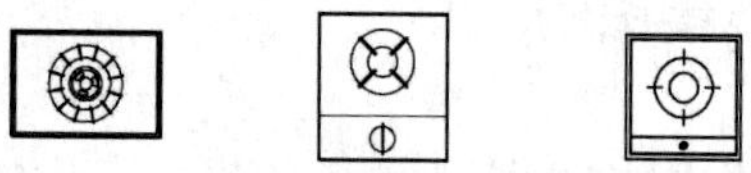

续表

序号	名 称	图例：《标准》中收录的图例	图例：可参照使用的图例
2	双头灶	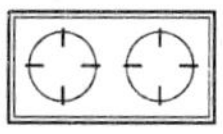	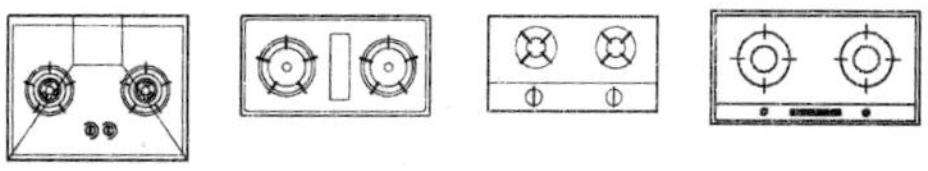
3	三头灶	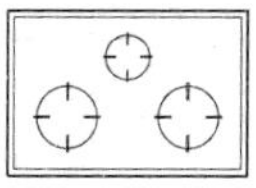	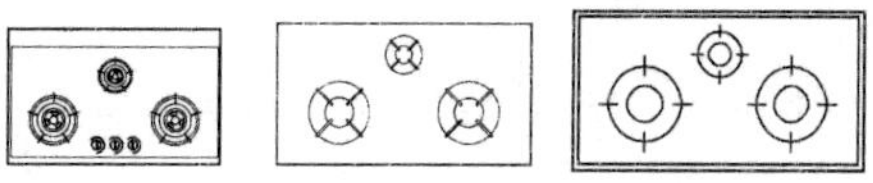
4	四头灶	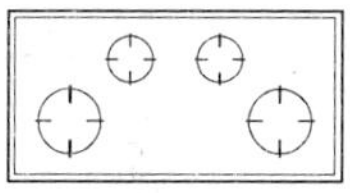	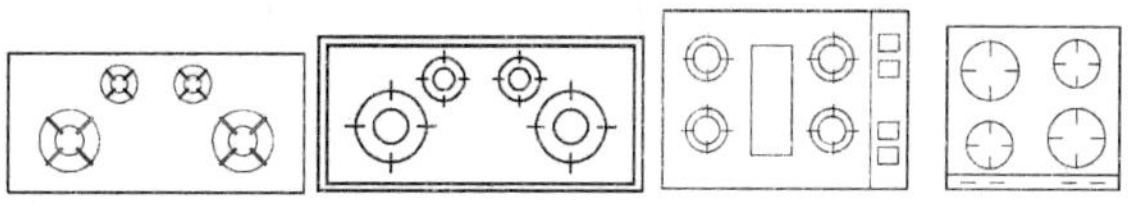
5	六头灶	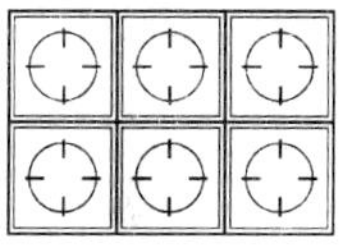	
6	单盆水槽	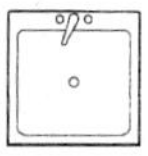	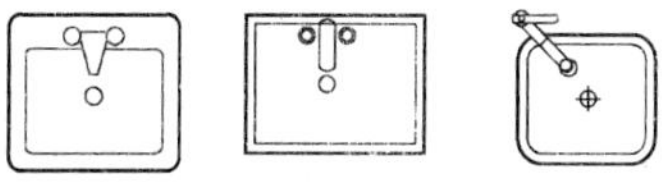
7	双盆水槽	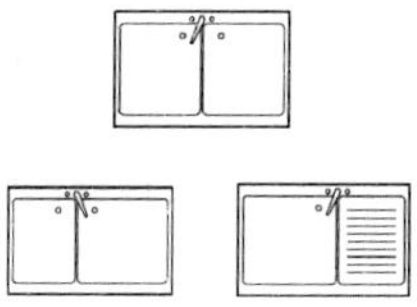	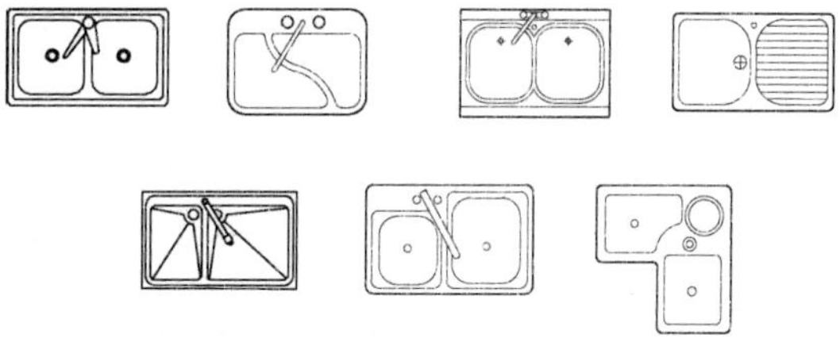

七、常用洁具图例

装饰制图中常用的洁具图例可按表1-17中的图例画法绘制。

常用洁具图例　　**表1-17**

序号	名称		图例：《标准》中收录的图例	图例：可参照使用的图例
1	大便器	坐式	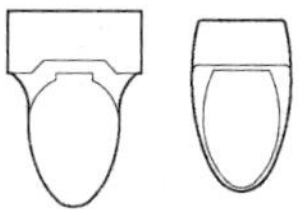	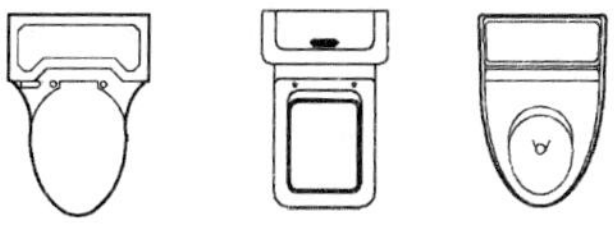
		蹲式	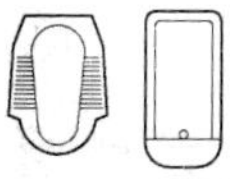	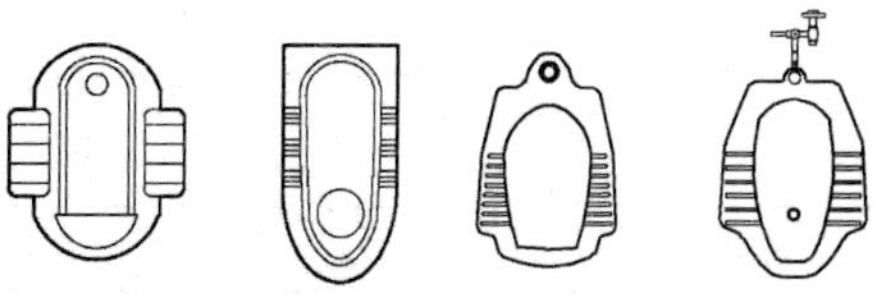
2	小便器		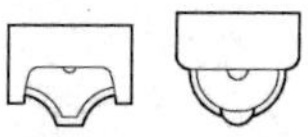	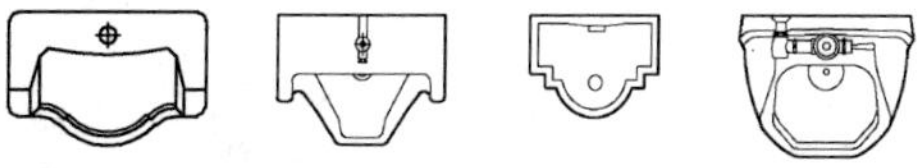

序号	名称		图例	
			《标准》中收录的图例	可参照使用的图例
3	台盆	立式	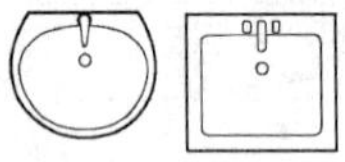	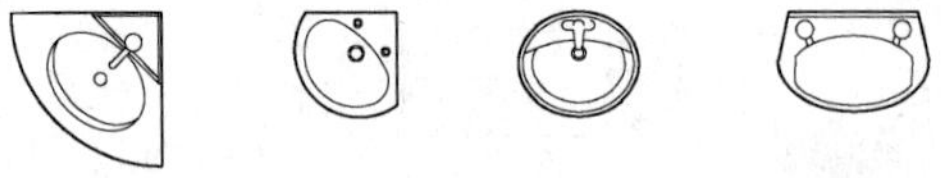
		台式	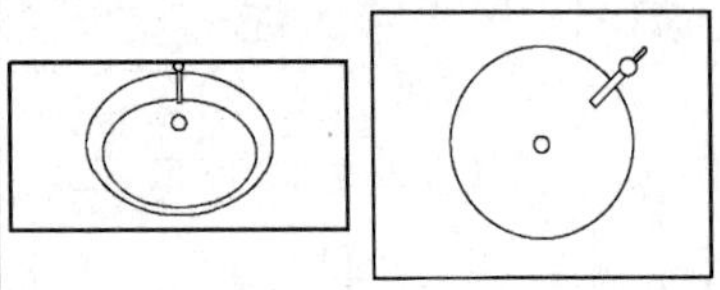	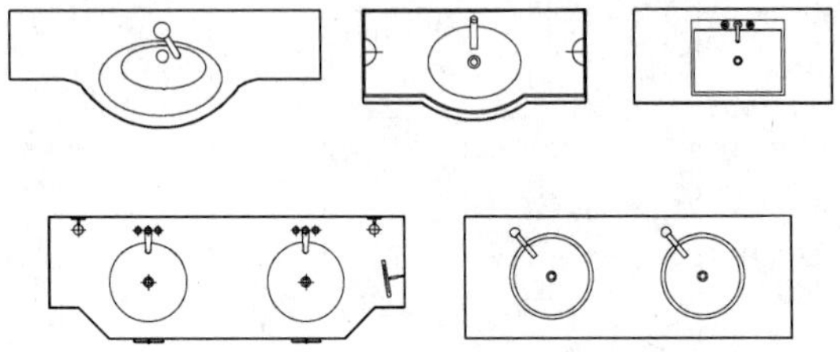
4	拖把池		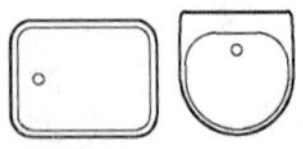	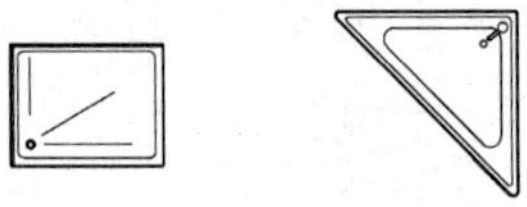
5	浴缸	长方形	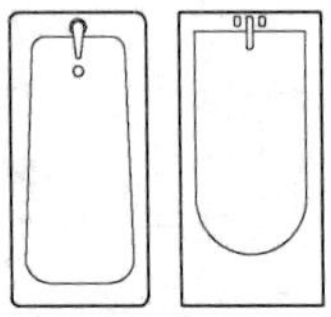	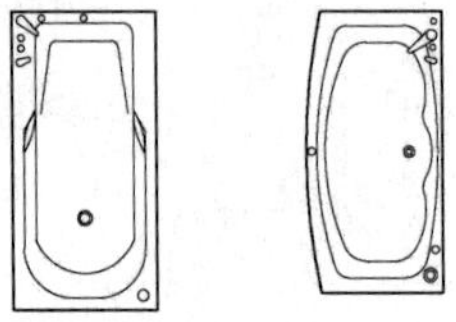
		三角形	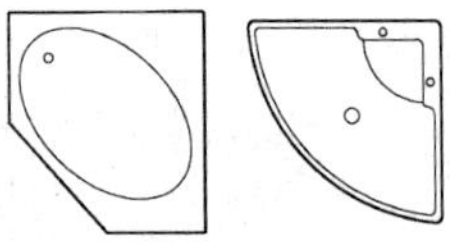	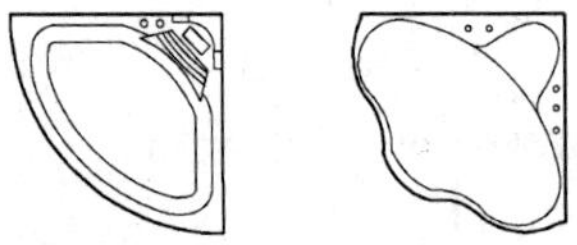
		圆形	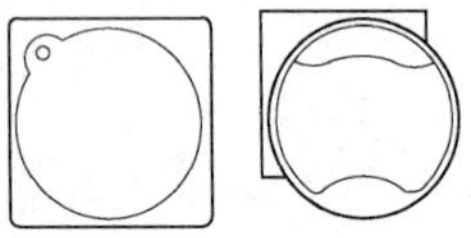	
6	淋浴房		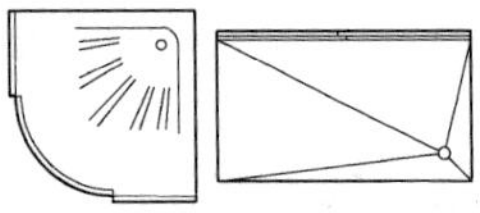	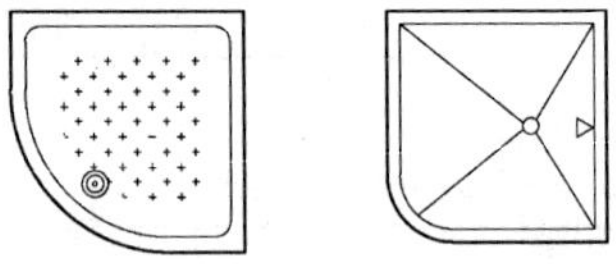

八、室内常用景观配饰图例

装饰制图中常用的景观配饰图例可按表 1-18 中的图例画法绘制。

常用景观配饰图例　　　　　　　　　　　　　　　　表 1-18

序号	名称	《标准》中收录的图例
1	阔叶植物	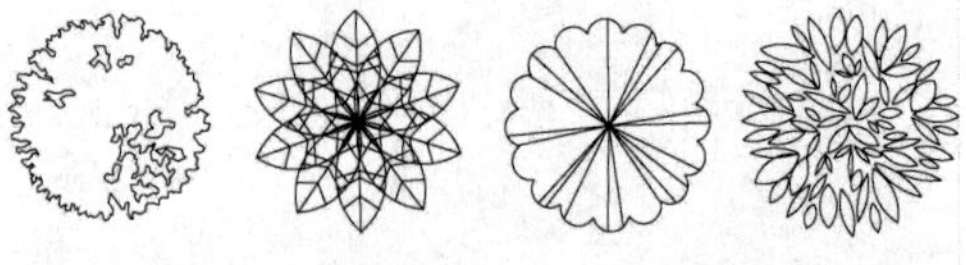

序号	名称		《标准》中收录的图例
2	针叶植物		
3	落叶植物		
4	盆景类	树桩类	
		观花类	
		观叶类	
		山水类	
5	插花类		
6	吊挂类		
7	棕榈植物		
8	水生植物		
9	假山石		
10	草坪		

续表

序号	名称		《标准》中收录的图例
11	铺地	卵石类	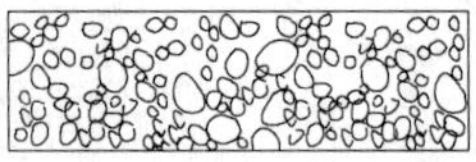
		条石类	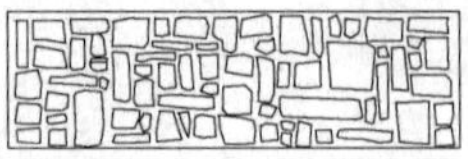
		碎石类	

九、常用灯光照明图例

装饰制图中常用灯光照明图例可按表 1-19 中的图例画法绘制。

常用灯光照明图例　　　　　　　　　　表 1-19

序号	名称	图例	序号	名称	图例
1	艺术吊灯	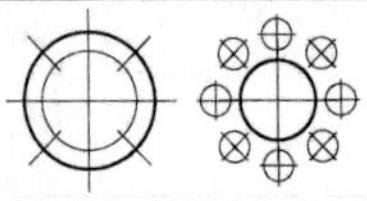	10	台灯	
2	吸顶灯	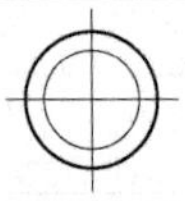	11	落地灯	
3	筒灯		12	水下灯	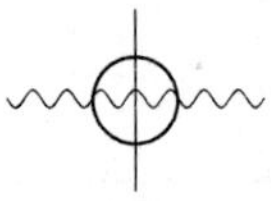
4	射灯		13	踏步灯	
5	轨道射灯	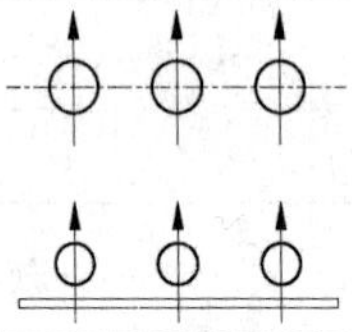	14	荧光灯	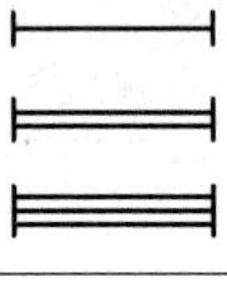
6	格栅射灯	 （单头）（双头）（三头） 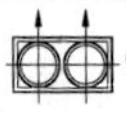 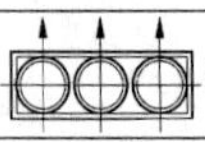	15	投光灯	
7	格栅荧光灯	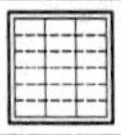 （正方形）（长方形） 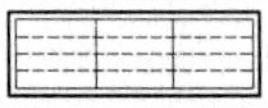	16	泛光灯	
8	暗藏灯带	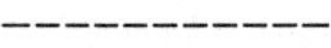 ——————	17	聚光灯	
9	壁灯		—	—	—

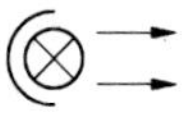

十、常用设备图例

装饰制图中常用的设备图例可按表 1-20 中的图例画法绘制。

常用设备图例 表 1-20

序号	名称	图例	序号	名称	图例
1	送风口	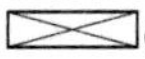 ⊠（条型） ⊠（方型）	7	防火卷帘	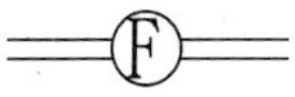 Ⓕ
2	回风口	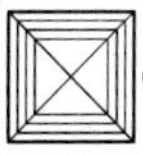 ▤（条型） ▤（方型）	8	消防自动喷淋头	 ⊙
3	侧送风、侧回风	↑ ↑	9	感温探测器	↓
4	排气扇	▥	10	感烟探测器	S
5	风机盘管	⊠（立式明装） ▱（卧式明装）	11	室内消火栓	◣（单口） ◪（双口）
6	安全出口	EXIT	12	扬声器	◁

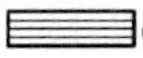

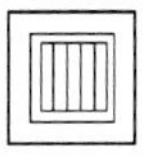

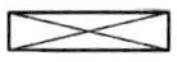

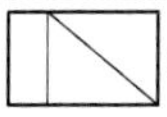

十一、常用开关、插座图例

装饰制图中常用的开关、插座图例可按表 1-21、表 1-22 中的图例画法绘制。

常用开关、插座立面图例 表 1-21

序号	名称	图例	序号	名称	图例
1	单相二极电源插座	 ⊕	8	音响出线盒	Ⓜ
2	单相三极电源插座	 Y	9	单联开关	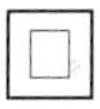 ▢
3	单相二、三极电源插座	 ⊕Y	10	双联开关	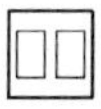 ▣
4	电话、信息插座	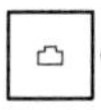 ▢（单孔） ▢（双孔）	11	三联开关	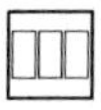 ▥
			12	四联开关	 ▥
5	电视插座	 ◉（单孔） ◉◉（双孔）	13	锁匙开关	 ▢
			14	请勿打扰开关	 DTD
6	地插座	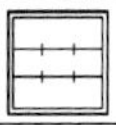 ▦	15	可调节开关	 ⚙
7	连接盒、接线盒	 ⊙	16	紧急呼叫按钮	 ▢

常用开关、插座平面图例 表 1-22

序号	名称	图例	序号	名称	图例
1	（电源）插座	 ⊥	3	带保护极的（电源）插座	 ⊥
2	三个插座	 ⊥	4	单相二、三极电源插座	 ⊥

序号	名称	图例	序号	名称	图例
5	带单极开关的（电源）插座		14	单联单控开关	
6	带保护极的单极开关的（电源）插座		15	双联单控开关	
			16	三联单控开关	
7	信息插座	C	17	单极限时开关	t
8	电接线箱	J	18	双极开关	
9	公用电话插座		19	多位单极开关	
10	直线电话插座		20	双控单极开关	
11	传真机插座	F			
12	网络插座	C	21	按钮	
13	有线电视插座	TV	22	配电箱	AP

习题：1. 请绘制出石材、砖、木龙骨、胶合板、木工板、角钢、混凝土、玻璃、泡沫等材料剖面的图例。

2. 绘制低柜、高柜、单人床、双人床、单人沙发、三人沙发的平面图例。

第二章 装饰设计制图的二维表达（3学时）

第一节 投 形

学习目标： 1. 掌握投形原理及特征。

2. 掌握点、直线、平面的正投形规律。

3. 提高空间思维能力，学会运用投形知识解题。

一、投形的定义

透过一透明平面看物体，将物体的形象在透明平面上描绘下来，这种方法就是投形，如图 2-1 所示，人眼为 E 点，透明平面 P 为投形面，从 E 点透过透明平面物体上一点 A，EA 为视线，EA 和 P 面的交点 A_p 为物体上 A 点在 P 面上的投形，用这种方法可将物体上许多点都投到投形面上，在投形面上绘出物体的形象。

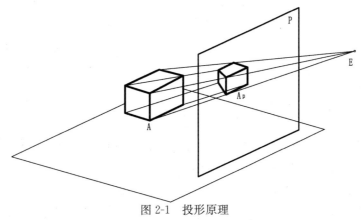

图 2-1 投形原理

投形的产生必须具备以下条件：第一，投形面，即影子所在的平面；第二，投形中心和投形线，投形中心即光源，投形线即人眼透过透明平面到物体上一点的连线；投形只表示物体的形状和大小，即空间几何元素或形体，而不反映物体的物理性质。

二、投形法的分类

投形法分为中心投形法和平行投形法（简称正投形法和斜投形法）两种类型。

中心投形法是指投形线都经过投形中心的投形方法，见图 2-2。假设人眼 E 为视点（或投形中心），透明平面 P 为画面（或投形面），从 E 点透过透明平面 P 看物体上一点 A，EA 为视线（或投形线），EA 和 P 面的交点 A_p，为物体上 A 点在 P 面上的投形，见图 2-2。用这种方法可将物体上许多点都投到投形面上，从而可在 P 面上绘出物体的形象。这就是中心投形法的典型。中心投形法所有的投射线相对投形面的投射方向与倾角是不一致的，所以获得的投形与实际对象本身有较大的变异。在装饰制图中，中心投形法常用于绘制透视图。

平行投形法是将视点假设在无限远处，则靠近形体的投形线，就可以看作是一组平行的投形线，由互相平行的投形线在投形面作出形体投形的方法，叫作平行投形法。根据投形线是否垂直于投形面，平行投形法又可分为斜投形法和正投形法。

斜投形法是当投形线的投射方向倾斜于投形面时所作出的形体投形方法。主要用来绘轴测图，它能表现物体的立体形象，如图 2-3 所示。

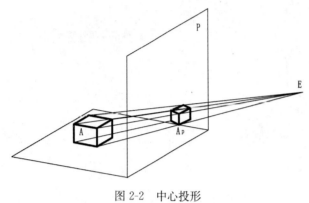

图 2-2　中心投形

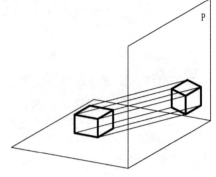

图 2-3　斜平行投形

正投形法是当投形线的投射方向垂直于投形面时所作出的形体投形方法。正投形法所有的投形线对投形面的倾角都是 90°，获得的投形形状大小与实际对象本身存在着较简单明确的几何关系。正投形法是工程投形的主要表示方法。通过正投形法绘制的建筑平面图、立面图、剖面图等，能确切地反映所画形体对应面的真实形状，以便于尺寸的度量，从而满足工程技术上的要求，如图 2-4 所示。

三、投形的特征

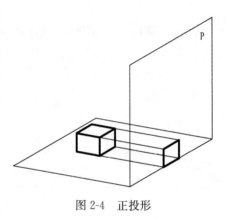

图 2-4　正投形

投形具有以下四个特征：

（1）显实性（全等性），若直线或平面平行于投形面，其投形反映实长或实形。如图 2-5 所示，直线 DE//平面 P，则其在平面 P 上的投形 de 反映 DE 的实长，即 DE＝de；平面 ABC//平面 P，则其在平面 P 上的投形 abc 反映 ABC 的真实形状和大小。

（2）类似性，若直线或平面倾斜于投形面，其投形的形状必定类似于图形原形，不反映实长或实形，如图 2-6 所示。

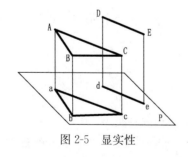

图 2-5　显实性

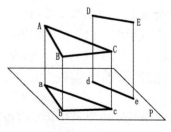

图 2-6　类似性

（3）平行性，空间两平行直线在同一投形面上的投形仍互相平行。例如：直线 AB//直线 CD，必有 ab//cd，如图 2-7 所示。

（4）积聚性，若直线或平面图形垂直于投形面或平行于投形线时，其投形积聚为一点或一直线段。例如：直线 DE⊥投形面 P，则直线 DE 投形积聚为一点。平面△ABC⊥投形面 P，则△ABC 积聚为直线段，如图 2-8 所示。

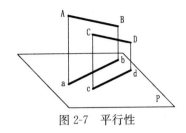

图 2-7　平行性

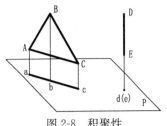

图 2-8　积聚性

四、点、线、平面的投形

点、直线、平面是构成形体的基本几何元素，面与面相交为线，线与线相交为点，点是投形中最基本的。要正确地识读和绘制装饰设计投形图，必须先掌握建筑形体基本元素的投形特性和作图方法。

1. 点的正投形

过空间点 A 的投射线与投形面 P 的交点即为点 A 在 P 面上的投形，如图 2-9 所示。点在一个投形面上的投形不能确定点的空间位置。点的正投形仍是点。

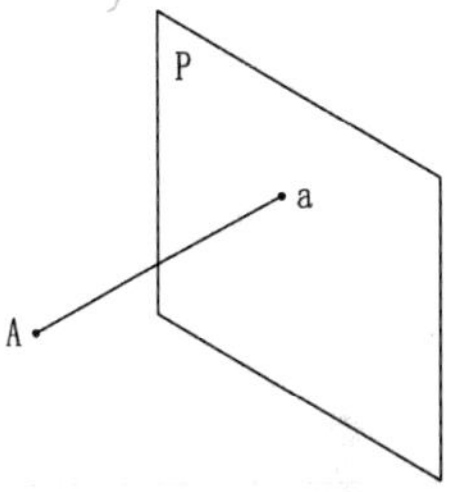

2. 直线的正投形

从几何原理可知，两点决定一条直线。从投形原理可知，直线的投形一般仍是直线。平行于投形面的直线，正投形为直线，与原直线平行等长，如图 2-10 所示。

图 2-9　点 A 在 P 平面的投形

垂直于投形面的直线，正投形为一点，如图 2-11 所示。

倾斜于投形面的直线，其正投形为原长缩短的直线，如图 2-12 所示。

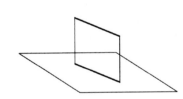

图 2-10　直线平行于投形面

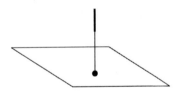

图 2-11　直线垂直于投形面

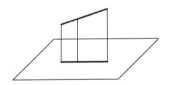

图 2-12　直线倾斜于投形面

3. 平面的投形

平面在三投形面体系中相对于投形面的位置可分为三种：投形面平行面、垂直面和倾斜面。平行于投形面的平面，正投形与原平面全同，如图 2-13 所示。垂直于投形面的平面，正投形为一直线，如图 2-14 所示。倾斜于投形面的平面，其正投形为比原平面缩小的平面，如图 2-15 所示。

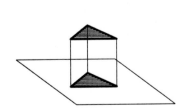

图 2-13　平面平行于投形面

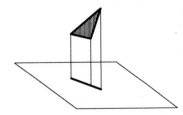

图 2-14　平面垂直于投形面

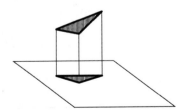

图 2-15　平面倾斜于投形面

习题： 1. 平面投形的积聚性特征是指什么？

2. 平行于投形面的平面，其正投形是什么形状？

3. 点的水平投形到＿＿＿轴的距离等于侧面投形到＿＿＿轴的距离，都反映该点到＿＿＿面的距离。

第二节　三　视　图

学习目标：1. 理解三视图的形成原理及作用。
　　　　　　2. 掌握三视图的投形规律。
　　　　　　3. 掌握三视图的作法。

为了直观地反映室内空间、室内设施的真实形状和尺寸，可以用三视图的表现形式。

一、三视图的概念及作用

1. 视图

将人的视线规定为平行投形线，然后正对着物体看过去，将所见物体的轮廓用正投形法绘制出来，该图形称为视图。视图主要用来表达物体的外形，一个视图只能反映物体的一个方位的形状，不能完整反映物体的真实形状。因此，装饰制图中采用多面正投形来表达物体，其表达形式是三视图。

2. 三视图

三视图是空间几何形体在相互垂直的三投形面体系中的投形图。通常一个物体有六个视图：从物体的前面向后面投射所得的视图称正视图（或主视图），能反映物体的正面形状；从物体的上面向下面投射所得的视图称俯视图，能反映物体的顶面形状；从物体的左面向右面投射所得的视图称左视图（或侧视图），能反映物体的左面形状；从物体右面向左面投射所得的视图称右视图（右侧立面图）；从物体下面向上面投射所得的视图称仰视图（底图）；从物体的背面向前面投射所得的视图称背视图（后立面图）。右视图、仰视图和背视图这三个视图不很常用。三视图就是正视图（主视图）（F 投形）、俯视图（H 投形）、左视图（侧视图）（S 投形）的总称，见图 2-16（H、F、S 是三个相互垂直的投形面）。在装饰设计制图中则分别称为正立面图、平面图、侧立面图。三视图能直观地表达物体的外形。

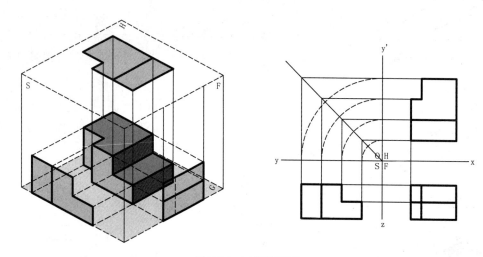

图 2-16　三视图展开

二、三视图的画法

三视图通常有三种画法（图 2-17）：

1. **画法一**：先画出水平和垂直相交的十字线，交点为 O，以 O 为端点，在十字线无视图的一角作

45°射线，根据"三等"关系，正视图与水平视图以垂直线取同长，正视图与侧视图以水平线取等高，在水平视图中取水平线与45°射线相交，再从交点引垂直线，可将宽度反映到侧视图中，以取得等宽。

2. 画法二：在取长和高时，方法同一。在取宽时，可在水平视图中取水平线与垂直轴相交，从相交点引45°斜线与水平轴相交，再从该相交点引垂直线，可在侧视图中取等宽。

3. 画法三：在取长和高时，方法同一，在侧视图中取等宽，可从水平视图中取水平线与垂直轴相交，再以O点为圆心，O到该交点的距离为半径画圆弧，从弧线与水平轴相交的交点引垂直线，可在侧视图中取等宽。

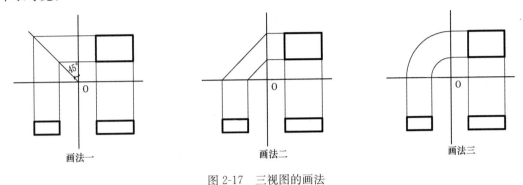

画法一　　　　　　　　画法二　　　　　　　　画法三

图 2-17　三视图的画法

在装饰设计制图的实际运用中，不需要将投形轴等辅助线画出，各视图的位置也可灵活放置。

习题： 1. 三视图如何展开，展开后有哪些"三等"关系？

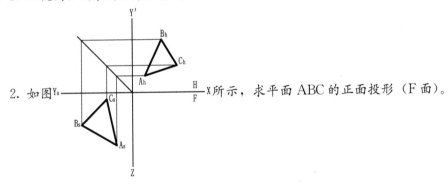

2. 如图X所示，求平面ABC的正面投形（F面）。

第三节　剖　视　图

学习目标： 1. 理解剖视图的形成过程。

2. 熟悉剖视图在装饰设计制图中的应用。

3. 掌握全剖、半剖、局部剖、分层剖面图的表示方法。

一、剖视图的概念及作用

在装饰制图中，运用剖视图可以清晰地表达物体内部的形态。剖视图是假设物体被一个切面在适当部位切开，移去切面与观察者之间的部分，将剩余部分投射到投形面上，并画出材料图例的投形图。如图 2-18 为一台阶的三视图，在视图中，由于踏步被侧挡板遮住而不可见，所以在侧立面图中看不见的台阶轮廓画成虚线，通常在三视图中，可用虚线来表示隐蔽部分，见图 2-18（a）。现假想用一个平面 P 作为剖切平面，把台阶沿着踏步剖开，如图 2-18（b）所示，再移去观察者和剖切平面之间的那部分台阶，然后作出台阶剩下部分的投形，则得到图 2-18（c）中所示的 1-1 剖面图。

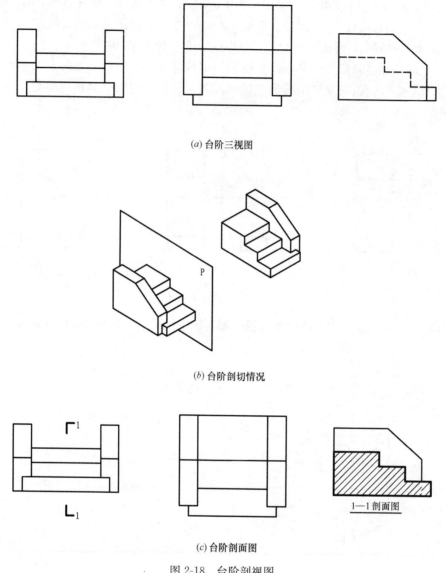

(a) 台阶三视图

(b) 台阶剖切情况

(c) 台阶剖面图

1—1 剖面图

图 2-18　台阶剖视图

剖视图可作为三视图的补充，它对理解工艺、工程施工具有不可缺少的作用，是装饰工程上广泛采用的用以反映物体内部构造的表示方法，如图 2-19 所示。

二、剖视图的分类

在装饰设计制图中，常用到的剖视图有：全剖视图、半剖视图、阶梯剖视图、分层剖视图等。

1. 全剖视图：是指假想用一个切面将整个物体全部切开，移去被切部分，能反映全部被切后情形的剖视图。全剖视图适用于外形简单、内部复杂且不对称的形体，如图 2-20 为一圆柱的全剖视图。当物体外形复杂但另有视图能表达清楚时，也可采用全剖视图。

2. 半剖视图：当物象是对称时，可以采用一半是外观视图、另一半是半剖视图的表示方法。半剖图是假想用一个剖切面将物体剖开，在同一个投形方向上，将物体从中心线或轴线一分为二，一半画成

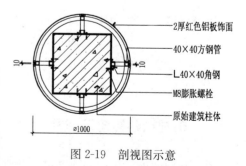

2厚红色铝板饰面

40×40方钢管

L40×40角钢

M8膨胀螺栓

原始建筑柱体

ø1000

图 2-19　剖视图示意

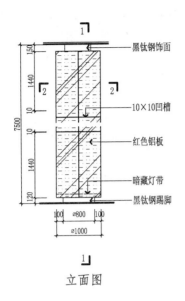

立面图

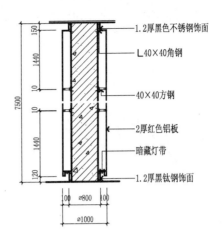

1-1剖面图

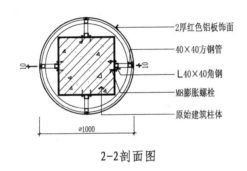

2-2剖面图

图 2-20 柱子全剖视图

剖面图，另一半画成形体的外形图，如图 2-21 所示为空心砖的半剖视图。

3. 阶梯剖视图：简单的物体只用一个截平面剖切，就可以将其内部结构关系表达清楚，但要表达复杂物体的内部结构关系时，就需要两个或两个以上的截平面组成阶梯状的转折式截平面，才能表达清楚。我们把用两个或两个以上平行的剖切面剖切物体所得到的剖视图叫阶梯剖视图，见图 2-22。采用阶梯剖视图可避免画多个剖面图。画阶梯剖视图时要注意不能把剖切平面的转折平面投形成直线，并且要避免剖切面在图形轮廓线上转折。

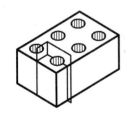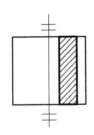

图 2-21 半剖视图

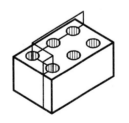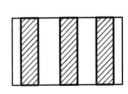

图 2-22 阶梯剖视图

4. 局部剖视图：当形体某一局部的内部形态需要表达，但又没必要作全剖或不适合作半剖时，可以保留原视图的大部分，只将物体局部剖切投射得到的剖面图。图 2-23 所示为木地面的局部剖视图，其外层视图部分可用细波浪线分界，波浪线表明剖切范围不能超出图样的轮廓线，也不应和图样上的其他图线相重合。由于局部剖视图的剖切位置一般比较明显，所以局部剖视图通常都不会标注剖切符号，也不另行标注剖视图的图名。局部剖面图适用于构造层次较多或局部构造比较复杂的形体。

5. 分层剖切剖视图：对物体的多层构造可用平行平面按构造层次逐层局部剖开，用这种分层剖切的方法所得到的剖视图,称为分层剖切剖视图。在装饰制图中常用来表达装饰物体的分层构造,如图2-24所示。分层剖切剖视图应按层次以波浪线将各层隔开,波浪线不应与任何图线重合。

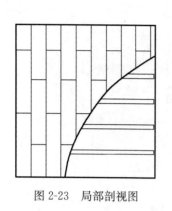

图2-23　局部剖视图

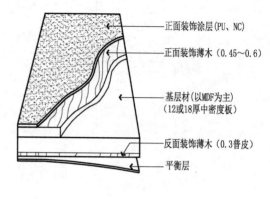

正面装饰涂层(PU、NC)

正面装饰薄木(0.45～0.6)

基层材(以MDF为主)
(12或18厚中密度板)

反面装饰薄木(0.3普皮)

平衡层

图2-24　分层剖视图

三、剖视图的作法

剖视图的作法一般为三个步骤:

1. 确定剖切面的位置:画剖面图时,应考虑在什么位置剖开物体并选择剖切方法,并在平面图上标明剖切符号,以表明剖切位置、投射方向和剖面名称,如图2-25所示,使剖切后画出的图形能准确清晰地反映所要表达部分的真实形态。

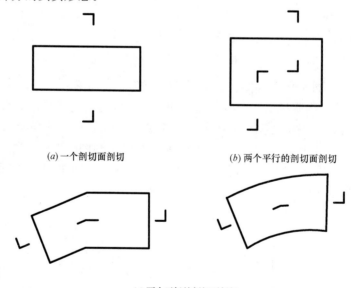

(a)一个剖切面剖切　　　　　　　(b)两个平行的剖切面剖切

(c)两个平行的剖切面剖切

图2-25　局部剖视图

2. 画剖视图

剖切平面与物体接触部分的轮廓线用粗实线表示,剖切平面后面的可见轮廓线用中实线表示。为区分物体的空腔和实体部分,形体的剖面区域应画上材料图例,材料图例应符合现行行业标准《房屋建筑室内装饰装修制图标准》JGJ/T 244的规定。当不需要表明装饰材料的种类时,可用同方向、等间距的45°细实线表示剖面线,如图2-26所示。同一形体在各个剖面图中剖面线的倾斜方向和间距要一致。由不同材料组成的同一物体,剖开后,在相应的断面上应画不同的材料图例,并用粗实线将处在同一平面上两种材料图例隔开,如图2-27所示。

物体剖开后，当断面的范围很小时，材料图例可用涂黑表示，在两个相邻断面的涂黑图例间，应留有空隙，其宽度不得小于0.7mm。

在钢筋混凝土构件中，当剖面图主要用于表达钢筋分布时，构件被切开部分，不画材料符号，而改画钢筋。

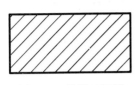

图2-26　普通砖图例

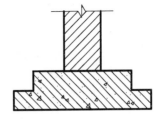

图2-27　不同材料组成的图例

3. 剖视图的标注

剖视图需标注剖切符号，剖切符号由剖切位置线、投射方向线及编号三部分组成。剖切符号的具体绘制方法和要求可参见第一章第六节的内容。剖视图还应在图形的下方或一侧标注图名，图名为剖切符号编号，如"Ⅰ-Ⅰ剖面图"，并在图名下画一粗实线。

习题： 1. 装饰图形在什么情况下可选择绘制半剖面图？

2. 分层剖面图有哪些绘制要求？

第四节　断　面　图

学习目标： 1. 理解断面图的形成过程。

2. 熟悉断面图在装饰设计制图中的应用。

3. 理解断面图与剖面图之间的区别。

一、断面图的概念及作用

假想用一个剖切面将物体剖开后，仅画出该剖切面与物体接触部分的正投形，所得的图形称为断面图。断面图主要用于表达形体或构件的断面形状。常用于表达装饰形体上某一部分的断面形状，如建筑装饰工程中梁、板、柱等部位的断面形状。

二、断面图的分类

断面图根据其安放位置不同，一般可分为移出断面图、重合断面图和中断断面图三种形式。

1. 移出断面图

画在物体视图外面的断面图称为移出断面图。移出断面图适用于断面变化较多的构件。当一个物体有多个断面图时，应将各断面图按顺序依次整齐地排列在投形图的附近，如图2-28所示为板材背面槽口形式的2个移出断面图。根据需要，断面图可用较大的比例画出，移出断面图的轮廓线用粗实线画出，并尽量画在剖切符号或剖切面迹线的延长线上，必要时也可将移出断面图配置在其他适当的位置。

2. 重合断面图

画在视图之内的断面图称为重合断面图。画重合断面图时，为了使断面轮廓线区别于投形轮廓线，断面

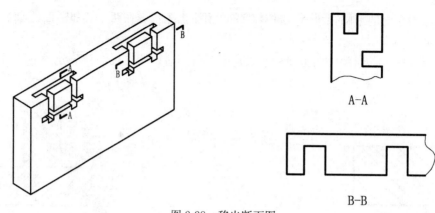

图 2-28 移出断面图

轮廓线应以粗实线绘制，断面内用 45°细斜线画出。当视图的轮廓线与重合断面的图形重叠时，视图中的轮廓线仍应用粗实线连续画出，不可间断。重合断面图不作任何标注。如图 2-29 为一木材的断面图。

3. 中断断面图

断面图画在物体投形图的中断处，就称为中断断面图。中断断面图适用于一些较长且均匀变化的单一构件。如图 2-30 所示，等直径的木材断面，可以将断面画在木材投形图中间。其画法是在构件投形图的某一处用折断线断开，然后将断面图画在当中。画中断断面图时，视图的中断处用波浪线或折断线绘制，画图的比例、线型与重合断面图相同。

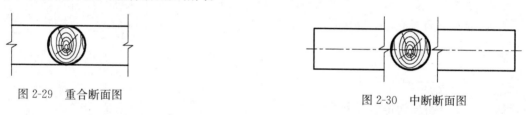

图 2-29 重合断面图

图 2-30 中断断面图

三、断面图与剖面图的关系

断面图与剖面图都是用来表达物体的内部结构的图形，但两者之间还存在着本质的区别：

1. 所表达的对象不同

剖面图是画剖切后物体剩余部分"体"的投形，除画出截断面的图形外，还应画出沿投射方向所能看到的其余部分，即能看到的都应该画出来；而断面图只画出物体被剖切后截断"面"的投形。

2. 剖面图与断面图的表示方法不同

首先，画剖面图是为了表达物体的内部形态和结构，而断面图则用来表达物体中某一局部的**断面**形态。其次，剖面图的剖切符号要表示出剖切位置线、投射方向线及剖面编号，而断面图的剖切符号只画剖切位置线，投射方向用编号所在的位置来表示。从图 2-31 可以比较剖面和断面的异同处。

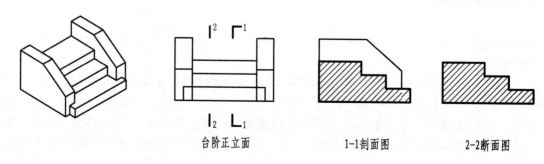

台阶正立面　　　　　1-1剖面图　　　　　2-2断面图

图 2-31 断面图与剖面图的比较

3. 剖面图与断面图中剖切平面数量不同

剖面图可采用多个剖切平面进行剖切，如阶梯剖切、分层剖切视图都采用了多个剖切面，而断面图的剖切平面是单一的。

习题：1. 剖面图和断面图在表示方法上有哪些不同？
 2. 重合断面图是否应进行尺寸标注？

第三章　装饰设计制图的三维表达（3 学时）

第一节　轴　测　图

学习目标： 1. 理解平行投形法与轴测图之间的关系。

　　　　　　2. 掌握正等测图和斜等测图的成图原理以及它们之间的区别。

　　　　　　3. 掌握正等测图的绘制方法。

一、轴测图的概念及作用

如第二章所述，平面视图能够比较全面地反映空间物体的形状和大小，具有作图方便、表达准确的优点，但因其缺少立体感，有时会给读图带来一定的难度。而轴测图具有立体感，弥补了平面视图的缺点。在装饰设计制图中常被用来作为辅助性表达设计的图样。

轴测图是采用斜平行投形法绘制的立体图，它从立体的角度反映物体总体形态。轴测图是将物体连同确定其空间位置的直角坐标系（$O\text{-}XYZ$）沿不平行于任一坐标面的方向，用平行投形法将其投射在单一投形面上所得到的三维图形，如图 3-1 所示。

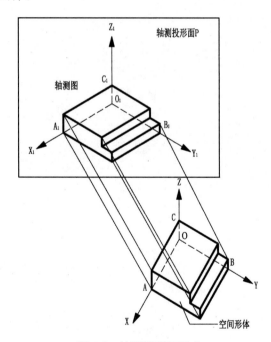

图 3-1　轴测投形的形成

在轴测图中常用的基本术语及符号：

（1）投形面称为轴测投形面，一般用 P 表示；

（2）轴测投形方向，一般用 S 表示；

（3）物体的长、宽、高三个方向的坐标轴 OX、OY、OZ 在轴测图中的投形 O_1X_1、O_1Y_1、O_1Z_1 称为轴测轴；

（4）轴测轴之间的夹角称为轴间角，见图 3-1 中的 $\angle X_1O_1Y_1$、$\angle Y_1O_1Z_1$、$\angle Z_1O_1Y_1$，轴间角确定了物体在轴测投形图中的方位；

（5）物体沿轴测轴方向的线段长度与物体上沿坐标轴方向的对应线段之比称为轴向变形系数，如 $p = O_1X_1/OX$ 为 X 轴向变形系数，$q = O_1Y_1/OY$ 称为 Y 轴向变形系数，$r = O_1Z_1/OZ$ 称为 Z 轴向变形系数。变形系数确定了物体在轴测投形图中的大小。

当然，轴测图立体感较强，能表现物体的立体形象，较接近人们的视觉习惯，适合表现室内总体形态。但不能准确地反映物体真实的形状和大小，并且作图较正投形复杂，因而在设计过程中它只能作为辅助图样，帮助理解正投形视图。

二、轴测图的基本知识

1. 轴测投形的特点

轴测图具有平行投形的特性：

平行特征：物体上互相平行的线段，在轴测图上仍然互相平行。

定比特征：物体上两平行线段或同一直线上的两线段长度之比，在轴测图上保持不变。

实形特征：物体上平行轴测投形面的直线或平面，在轴测图上反映直线的实长或平面的实形。

2. 轴测投形的分类

轴测图根据投形方向与轴测投形面的相对位置不同，可分为正轴测投形图和斜轴测投形图两种。

正轴测投形图是将投射线方向垂直于轴测投形面所得到的图形，简单理解是指将 Z 轴保持垂直，平面图旋转 $30°$，作图形时垂直方向保持垂直的成图形式，如图 3-2 所示。

斜轴测投形图是将投射线方向倾斜于轴测投形面所得到的图形，简单理解是指将 Y 轴倾斜 $45°$，正立面图保持不动，作图形时将垂直于正立面的线均倾斜 $45°$ 的成图形式，如图 3-3 所示。

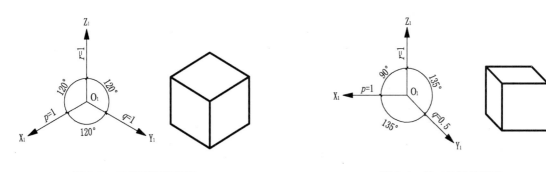

图 3-2　正等轴测投形图　　　　　　　　图 3-3　斜二轴测投形图

三、轴测图的作法

轴测图适合表现物体总体形态，但因其不符合人的视觉近大远小的原则，所以会产生不真实的感觉，故在装饰设计制图中不作为主要图形。这里只介绍常用的正等轴测图画法。为了方便作图，一般都运用平面图来作轴测图。

正等轴测投形图的画法简单，立体感强，在室内装饰制图中可以运用。现以室内简单家具为例，介绍正等轴测图的画法。

已知室内一电视柜的三视图，第一步，在三个视图上确定坐标原点和坐标轴，将坐标原点选在电视柜的右下角点，这样可方便量取电视柜各边的长度，如图 3-4（a）所示。

第二步，如图 3-4（b）所示，建立正等轴测图的坐标系（X、Y、Z 轴各成 $120°$ 角）。

第三步，根据正等轴测图成图原理，将电视柜的俯视图旋转 $30°$，在 X_1 轴和 Y_1 轴构成的平面上表现出来，即：在 O_1X_1 轴上从 O_1 点量取 $O_1A_1=a$，同样，在 O_1Y_1 轴上从 O_1 点量取 $O_1B_1=b$。过 A_1 和 B_1 分别作 O_1X_1 和 O_1Y_1 的平行线，得到电视柜的底平面图，如图 3-4（c）所示。

第四步，过底面各点分别作 O_1X_1 轴的平行线，量取高度 h，作电视柜顶面各点，如图 3-4（d）所示。

第五步，连接顶面各点，得到电视柜的顶面的轴测图，如图 3-4（e）所示。

第六步，用同样的方法，绘制电视柜中的抽屉，如图 3-4（f）所示。

第七步，擦去多余的作图线并加深，即完成了电视柜的正等轴测图，如图 3-4（g）所示。

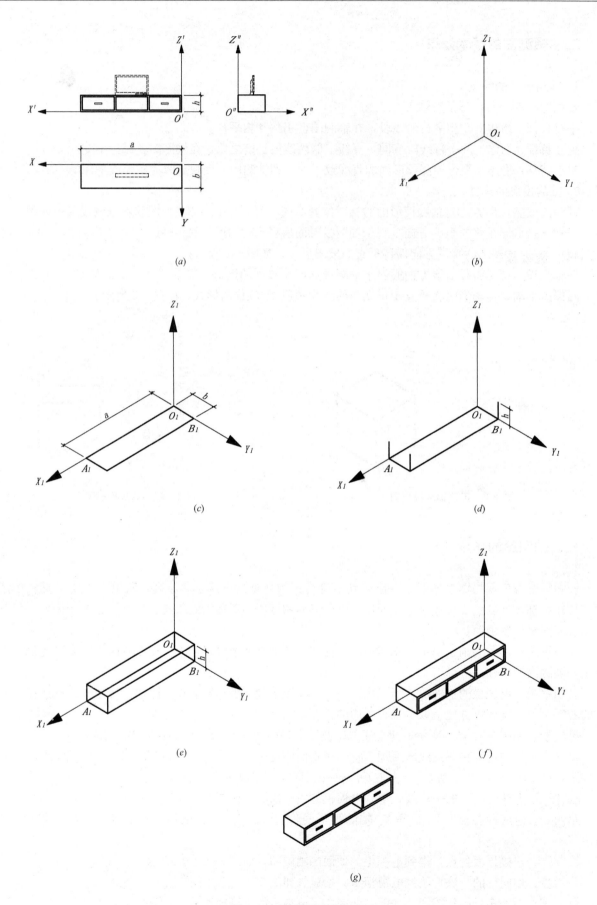

图 3-4　正等轴测图绘制方法

习题： 1. 装饰设计制图常用哪种轴测图？

　　　　2. 正轴测图和斜轴测图是根据什么来分类的？

　　　　3. 试用坐标法绘制一床头柜的正轴测投形图。

第二节　透　视　图

学习目标： 1. 理解中心投形法与透视图之间的关系。

　　　　　　2. 掌握透视图的基本特征、常用术语，各种透视图在装饰设计制图中的应用。

　　　　　　3. 能够根据所学的方法选择最佳透视角度，并进行透视图的绘制。

一、透视图的作用

在室内装饰设计制图中，为了更好地表达装饰物体的三维形态，常根据建筑装饰设计的平面图、立面图、剖面图等尺寸画出直观立体图像，专业中称透视图，见图 3-5。透视图比二维的工程图具有更直观感的表现力，所以绘制透视图既可帮助设计人员推敲、表现设计方案，也便于非专业人员对设计方案的理解、审查、评价。

二、透视图的基本知识

1. 透视图成形的原理

可以透过透明的画面观察物体，并将投形线集中于一点的中心投形图，由此而产生视线和画面的交点相连而成的图像，就是具有立体感的透视图，如图 3-6 所示。

图 3-5　东南大学建筑学院会议室（透视）

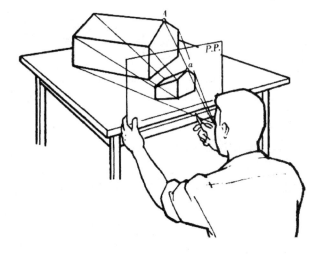

图 3-6　透视图的形成

2. 透视图的特点

透视图的基本特征有以下几点：

（1）近大远小的特点，近距离的物体大，远距离的物体小，越远越小，直至消失。

（2）近高远低的特点，近距离的物体高，远距离的物体低，越远越低，直至消失。

（3）近疏远密的特点，对于等距离的物体，近距离的物体间距大，远距离的物体间距小，直至消失。

（4）与画面平行的线，在透视图中仍然相互平行。不平行于画面的一切平行线的透视必然交于一点。

3. 常用透视术语

为了正确表现室内透视图效果，必须掌握透视学中一些基本术语，如图 3-7 所示。

基面（*GF*）：放置物体的水平面，亦即建筑制图中的底面；

画面（*PF*）：为一假想的透明平面，一般垂直于基面，它是透视图所在的平面；

基线（*GL*）：画面与基面的交线；

视点（*S*）：指观察者眼睛所在的位置，即投形中心点；

站点（*SP*）：是视点在基面上的正投形，也就是人所站立的位置点；

视高（*EL*）：视点与站点间的距离；

视平线（*HL*）：指视平面与画面的交线；

视平面：指视点所在高度的水平面；

视中心点（*S'*）：过视点作画面的垂线，该垂线与画面的交点即为视中心点；

视线：指视点和物体上各点的连线；

测点（*M*）：求透视图中物体或空间深度的参考点；

灭点（*VP*）：也称消失点，建筑物上与投形面不并行的水平方向的线延伸到视平线上所产生的交点。

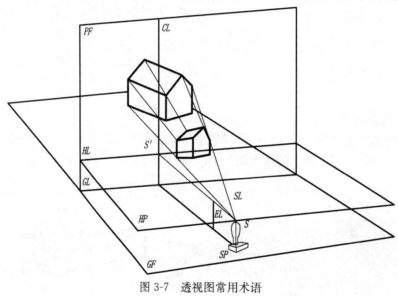

图 3-7　透视图常用术语

三、透视图的分类

建筑物一般为三维空间的立方体，由于我们看它的角度不同，在建筑装饰绘图中通常有三种透视现象：一点透视、两点透视、三点透视。

1. 一点透视：也称为平行透视。以立方体为例，我们从正面去看它，它的一个主要立面平行于画面，其他面垂直于画面，只有一个消失点的透视现象。这种透视具有以下特点：构成立方体的三组平行线，原来垂直的仍然保持垂直；原来水平的仍然保持水平；只有与画面垂直的那一组平行线交于视平线上一点，如图 3-8 所示。

一点透视表现范围广，纵深感强。因其只有一个灭点，绘制起来方便快捷，能在画面中同时表现出室内空间的正立面、左右立面、地面与顶棚，是室内空间常用的一种透视方法。

2. 两点透视：也称成角透视，以立方体为例，我们不是从正面去看它，而是把它旋转一个角度去看它，因它的主体与画面成一定的角度，这时垂直于地面的一组平行线的透视仍然保持垂直，其他两组平行线的透视分别消失于画面的左右两侧，产生两个消失点的透视现象，如图 3-9 所示。

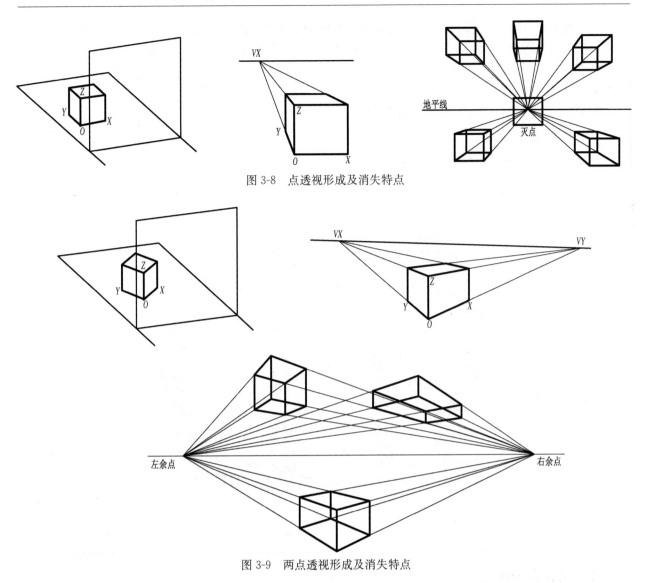

图 3-8　点透视形成及消失特点

图 3-9　两点透视形成及消失特点

　　两点透视表现的立体感强，通过它绘制的透视图可以同时表现出建筑物的正面与侧面，反映出的空间接近人的真实感觉，故在室内装饰设计表现中运用最多。

　　3. 三点透视：也称斜角透视。以立方体为例，我们仰着头从近处看它，垂直于地面的一组平行线的透视消失于一点，产生了三个消失点的透视现象，如图 3-10 所示。

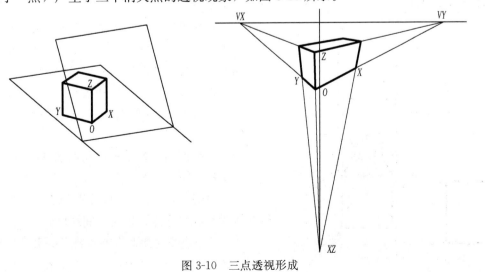

图 3-10　三点透视形成

三点透视具有强烈的透视感，适合表现高大或具有强烈透视感的建筑形体。运用三点透视绘制的建筑物，能给人以高耸雄伟的感觉。在室内装饰设计中一般不会采用这一方法，在此不再详述。

4. 鸟瞰透视：为了更全面地反映室内空间布置效果，室内装饰设计中也采用鸟瞰一点透视图。当建筑室内空间的地面平行画面，画面产生一个消失点的透视现象，如图 3-11 所示。鸟瞰透视的特点是与画面平行的直线都没有灭点，只有高度方向的一组平行线有灭点。

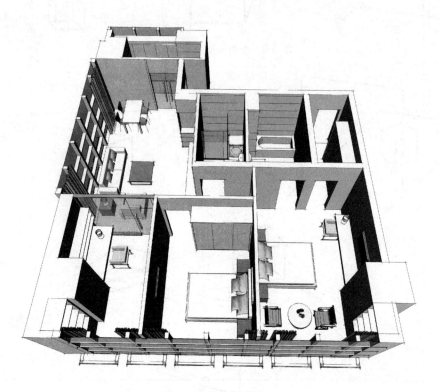

图 3-11　室内鸟瞰图

四、透视图的做法

1. 一点透视做法

室内一点透视表现为：方形的室内空间有一组墙体与画面保持平行，另一组墙体与画面为垂直关系。一点透视的作图方法具体如下，以长方体为例，详见图 3-12 所示：

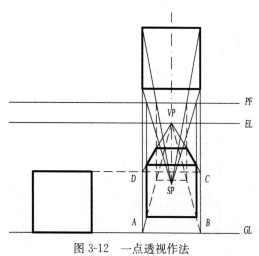

图 3-12　一点透视作法

（1）首先设定基线 GL 和画面 PF 线，将平面图放置在 PF 线上方，立面图放在 GL 线上，然后根据图纸大小按空间的高度比直接画出长方形 ABCD；

（2）设定人的站点 SP 和视平线 EL，视平线一般选 150cm 高，视平线与平面图的垂直中心线的交点为灭点 VP；

（3）将平面图中各主要点与站点 SP 连接，与 PF 相交，过 PF 上的交点作垂直线；

（4）将 A、B、C、D 点分别与灭点 VP 相连，其连线与各垂直线之交点，形成空间深度；

（5）从左边的立面上将各主要点引水平线与 AD 或 BC 相交，将交点与灭点 VP 连接，以形成物体高度；

（6）高度线与垂直线之交点再与 VP 相连，就形成物体的透视效果；

（7）擦去不必要的线条，就形成长方形一点透视图。

2. 两点透视作法

室内两点透视表现为：方形的室内空间有两组不同方向深度的墙体与画面形成一定角度，并形成两个灭点。两点透视的作图方法具体如下，以长方体为例，详见图 3-13 所示：

（1）设定基线 GL，将立面置于基线上，设定画面 PP 线，将平面倾斜 $30°\sim60°$ 置于画面上；

（2）自平面 A 点向下拉垂直线，以确定人的站点 SP；设视平线 EL，EL 一般距基线 GL 为 150cm；

（3）过站点 SP 作 AB、AD 直线的平行线，分别交画面 PP 线于 x、y 点，过 x、y 点分别作垂线与 EL 相交于 VP_1、VP_2 点，即为透视的两个灭点；

（4）连接 A 点与站点 SP，与从立面图引出的水平线相交于点 m、m'；

（5）分别将 VP_1、VP_2 与点 m、m' 连接，形成长方体空间透视的正面和侧面；

（6）将长方形平面各点与站点 SP 连接，其连线都与画面 PP 线相交，过这些相交点作垂直线与前面的透视线相交，形成空间的深度；

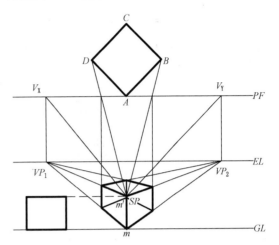

图 3-13 两点透视图做法

（7）从立面图引一物体高度的水平线交直线 mm' 与 n、n'，分别将 n、n' 点与 VP_1 连接并与过 D 点的透视线相交，将交点与 VP_2 相连可求得物体的高度，以此类推，可确定其他物体的位置及高度；

（8）擦去不必要的线条，就形成了长方体的二点透视图。

绘制透视图时，应根据室内设计表现的主次与重点，选择合理的视点、视高、视距。在绘制室内透视图过程中视点、画面和景物之间相对位置的变化直接影响所绘透视图的形象。一般视角范围以 $30°\sim40°$ 为最佳，这样绘制出来的透视真实、自然。视点的选择应有利于表现室内布置的整体造型特点，如有所侧重，应将视点移至能较多地看到这个内容的位置。此外，视平线的高度一般为 1.5m，但也可根据具体情况有所调整，如要表现室内空间的高耸感，应将视点放低；如要表现较大的室内空间，想充分展示地面和室内布置情况，应将视点抬高成俯视。

习题： 1. 两点透视的特征是什么？

2. 分析视平线高度的选择与透视图成像的关系。

3. 什么位置的直线在透视图中会产生灭点？

4. 画透视图时应怎样确定画面、站点、视平线和灭点？

第二篇 装饰设计制图与识图的内容

第四章　室内装饰平面图（3学时）

第一节　室内装饰平面图的形成和作用

学习目标： 1. 掌握室内装饰平面图的形成原理。
2. 了解室内装饰平面图的作用。

一、室内装饰平面图的形成

为了解释室内装饰平面图的形成，可用一个假想的水平剖切面，在窗台上方把房屋水平剖开，并揭去切面的上部分，如图4-1（a）所示，然后自上而下看去，在水平剖切平面上所显示的正投形，即为室内装饰平面图，如图4-1（b）所示。

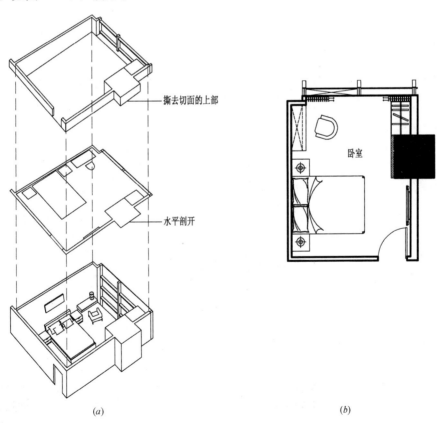

（a）　　　　　　　　　　　　　　　　　　　　　　　　　　（b）

图 4-1　室内装饰平面图的形成

二、室内装饰平面图的作用

装饰设计中的平面图主要表示建筑的平面形状、建筑的构造状况（墙体、柱子、楼梯、台阶、门窗的位置等)、室内的平面关系和室内的交通流线关系，以及室内主要物体的位置和地面的装修情况等。装饰设计中有以楼层或区域为范围的平面图，也有以单间房间为范围的平面图。前者侧重表示室内平面与平面间的关系，后者侧重表示室内的详细布置和装饰情况。

习题：　1. 室内装饰平面图的形成原理是什么？
　　　　　2. 以楼层为范围的平面图和以单间房间为范围的平面图之间有什么区别？

第二节　室内装饰平面图的内容

学习目标：　1. 理解室内装饰平面图与建筑平面图的区别。
　　　　　　　2. 掌握装饰平面图、地面铺装图的图示内容。
　　　　　　　3. 掌握装饰平面图的制图规范。

室内平面设计需依据原有建筑平面图，故室内设计师在设计之前，需要对建筑空间及结构的各部分尺寸有个详细了解。其内容较建筑平面图复杂，本节通过建筑平面图与室内装饰平面图的比较来详细阐述室内平面图的内容。

一、图示内容

建筑设计平面图的图示内容有各房间的布局和名称，如墙柱、门窗洞口、定位轴线及其编号、楼电梯、管道井、阳台、露台、雨篷、坡道等内容，如图 4-2 所示。而室内装饰平面图除需表示建筑平面图

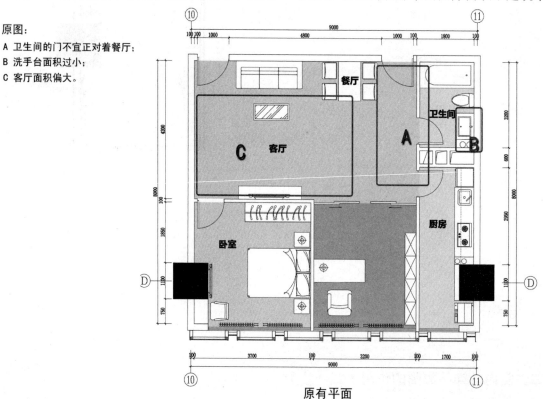

图 4-2　建筑平面图

调整后：

A 此处设置鞋柜和置物矮柜，卫生间与餐厅加设分隔；

B 卫生间平面重新布置，更符合使用习惯；

C 将客厅墙外移500mm，合理分配各空间面积。

调整后平面

图 4-2　建筑平面图（续）

的上述内容之外，还需标明装饰设计后的墙体、门窗、平台、楼梯、管井等位置；固定的和不固定的装饰造型、隔断、构件、家具、陈设、卫生洁具、照明灯具以及其他装饰配置和饰品的名称、数量和平面位置；标明门窗、橱柜或其他构件的开启方向和方式；标明装饰材料的品种和规格，以及材料的拼接线和分界线；标明简单地面的做法等，如图 4-3 所示。

当室内地面做法比较复杂，铺装材料多样且有特殊造型时，为了使地面做法更加清晰明确，也可单独绘制一张地面铺装平面图，简称铺装图，如图 4-4 所示。铺装图中需标明地面材料的品种、规格、色彩，如有分格应表示分格大小。如有图案，要表示图形标注尺寸；标明地面中其他埋地设备，如埋地灯、地插座等。如果图形复杂，必要时可另绘制地面局部详图。

二、尺寸注法

建筑设计平面图的外轮廓需标注三道尺寸，分别为最外道尺寸（房屋两端外墙面之间的总尺寸），第二道轴线间距尺寸，最内道尺寸（外墙的门窗洞口宽度和洞间墙尺寸），如图 4-2 为某住宅的建筑平面图尺寸标注。而室内平面图在外轮廓尺寸标注上与建筑平面图略有不同，如图 4-3 为在建筑设计平面基础上所做的室内平面，其外部尺寸只标注两道尺寸，一道为总距离尺寸，另一道为建筑轴线距离尺寸或室内分隔墙的距离尺寸。装饰设计平面除了外部尺寸，还需要标注内部尺寸，主要有装饰造型、家具和配套设施的定位尺寸和铺地、景观小品等尺寸，一般直接标注在所表示的内容附近。

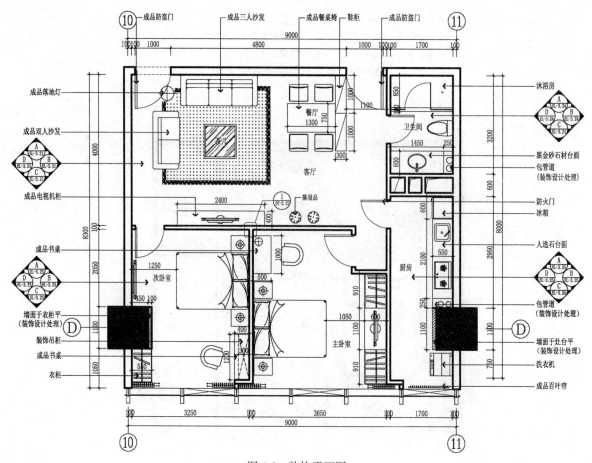

图 4-3　装饰平面图

有的室内平面图需注明楼地面标高，用来区分平面图上不同地坪的上下关系。建筑平面图以底层地面标高为±0.000，其他楼层标高基于底层标高计算。而室内设计平面图的标高是取室内楼、地面装修完成的面为±0.000。此外，室内装修平面图还应标注主要平台、台阶、固定台面等有高差处的设计标高。

三、符号标注

1. 索引符号，为了表示室内立面在平面图中的位置及名称，应在室内平面图内标注立面索引符号，表示出视点位置、方向及立面编号。在整套装饰设计图纸中，当立面图和剖切图比较多时，应有单独的索引平面图，它对查找、阅读局部图纸起着"导航"作用，如图 4-5 所示。

2. 图名、比例标注

装饰平面图的图名应标注在图样的下方。当装饰设计的对象为多层建筑时，可按其所表明的楼层层数来标明，如一层平面图、二层平面图等。若只需反映平面中的局部空间，可用空间的名称来标明，如客厅平面图、主卧室平面图等。对于多层相同内容的楼层平面，可只绘制一个平面图，在图名上标注出"标准层平面图"或"某层～某层平面图"即可。在标注各平面中房间或区域的功能时，可用文字直接在平面中标注各个房间或区域的功能，也可采用序号代替文字，而在图的旁边标明序号所指示的功能。

在图名旁边还需注明图形比例，室内装饰平面图常用比例有 1∶200、1∶100、1∶50 等。

习题： 1. 室内装饰平面图与建筑平面图的主要区别是什么？

2. 平面图应表明哪些内容？

3. 室内装饰平面图的外部尺寸应标哪几道？

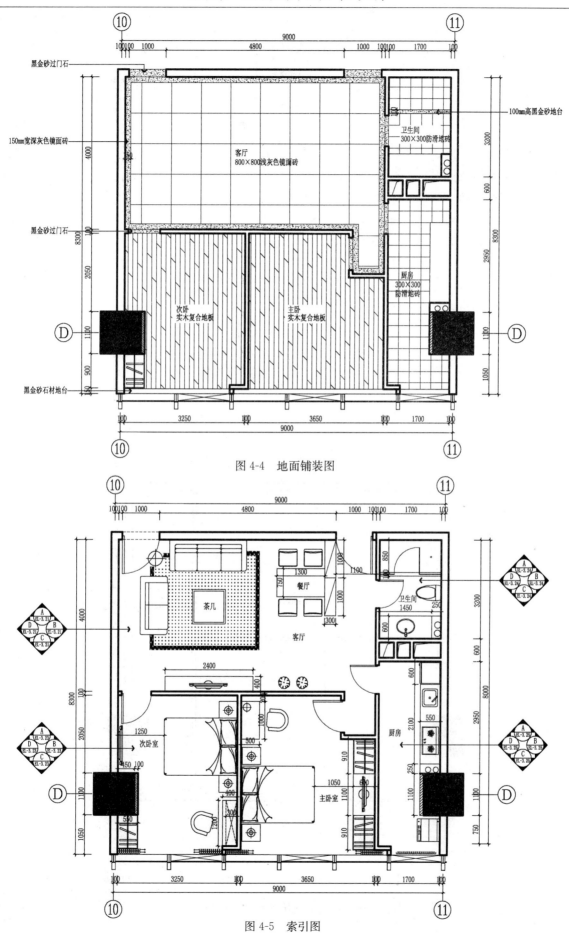

图 4-4 地面铺装图

图 4-5 索引图

第三节　室内装饰平面图的绘制

学习目标：掌握室内装饰平面图的绘制步骤和识图方法。

室内装饰平面图的画法如下：

第一步：选定比例和图幅，绘制建筑平面图。首先，绘制墙柱的定位轴线，为了看图方便，定位轴线需要编号；其次，绘制墙体、柱和门窗洞口。

第二步：绘制室内设计细部内容。要求绘制出家具、陈设、家用电器、灯具、绿化景观、地面材料、壁画、浮雕等的位置和式样。在比例尺较小的图样中，可以适当简化，只画出家具、陈设或各类设施的外轮廓即可，如图 4-6（a）所示。

第三步：标注尺寸、图名及比例。按照尺寸标准对图纸进行尺寸标注，需标出室内投形符号、索引符号及必要的说明。在图样下方注写图名和比例，如图 4-6（b）所示。

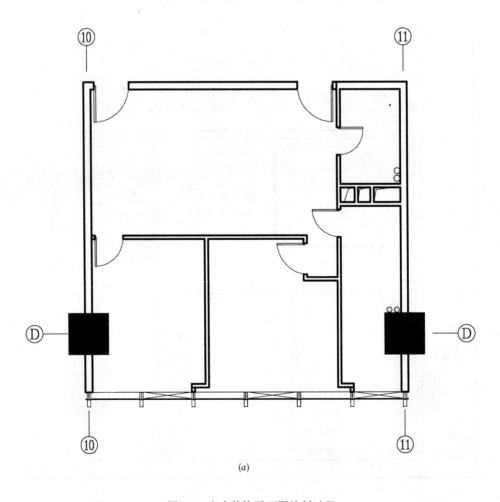

(a)

图 4-6　室内装饰平面图绘制过程

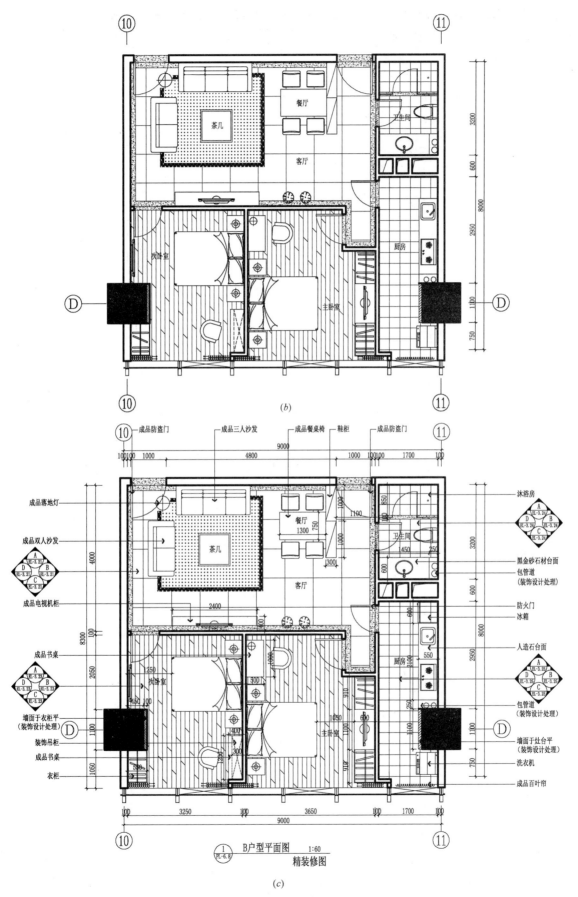

(b)

①B户型平面图 1:60
精装修图

(c)

图 4-6 室内装饰平面图绘制过程（续）

　　为了使图样表达清晰，需使用不同的线型线宽。被剖切的墙、柱轮廓线应用粗实线表示，家具陈设、固定设备的轮廓线用中实线表示，其余投形线用细实线表示，即作出一套完整的平面图，如图 4-6 (c) 所示。

　　习题： 1. 室内装饰平面图绘制过程中线型线宽的选择有什么要求？

　　　　　　 2. 室内装饰平面图的各地面标高是如何确定的？

第五章 顶棚平面图（3学时）

第一节 顶棚平面图的形成和作用

学习目标：1. 掌握顶棚平面图的形成原理。
2. 了解顶棚平面图的作用。

一、顶棚平面图的形成

顶棚平面图也称天花平面图或吊顶平面图。顶棚平面图的形成是用一个假想的水平剖切面，从窗台上方把房间剖开，移去下面部分，对上面部分所作的镜像投形图。为了理解室内顶棚的图示方法，我们可以设想与顶棚相对的地面为整片的镜面，顶棚的所有形象都可以映射在镜面上，这镜面就是投形面，镜面呈现的图像就是顶棚的正投形图。这种绘制顶棚平面图的图法叫镜像视图法，如图5-1所示。用此方法绘出的顶棚平面图所显示的图像，其纵横轴线排列与平面图完全一致，便于相互对照，更易于清晰识读。

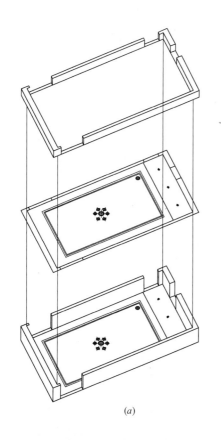

(a)

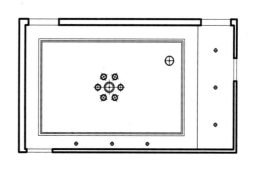

(b)

图 5-1 顶棚平面图的形成

二、顶棚平面图的作用

顶棚平面图的作用是表示顶棚的装饰造型、形式、用材、工艺、尺寸以及各种设备、设施的位置、尺寸和安装方法等，如图 5-2 所示。它是室内装饰设计图纸不可或缺的内容。

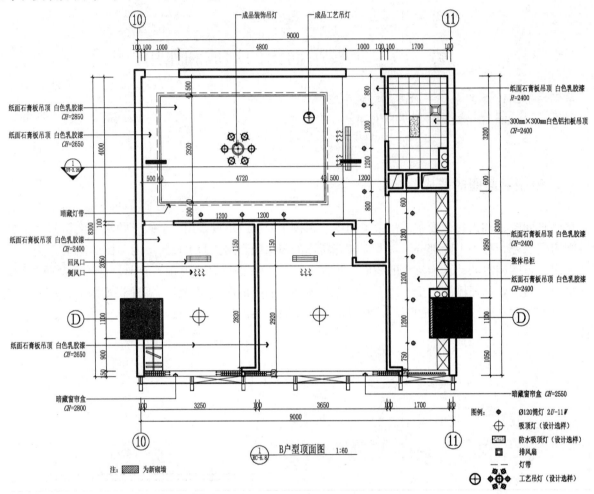

图 5-2　顶棚平面图

习题：说明顶棚平面图的形成原理。

第二节　顶棚平面图的内容

学习目标：1. 掌握顶棚平面图的图示内容和制图规范。

2. 掌握顶棚综合布点图的内容。

一、图示主要内容

顶棚平面图上主要内容有：

1. 表示建筑结构与构造的平面形状及基本尺寸。用镜像投形法绘制的顶棚平面图，其图形的前后、左右位置及轴线排列与装饰平面图关系对应。顶棚平面图需表明墙柱和门窗洞口位置，但门只需画出边线即可，不画门扇及开启方向线。同时要表示门窗过梁底面，为区别门洞与窗洞，窗扇用一条细虚线表示。

2. 表示顶棚装饰造型的平面形式和尺寸，并通过附加文字说明其所用材料、色彩及工艺做法要求等。顶棚的高度变化应结合造型平面分区线用标高的形式来表示，是以本层地面为零点的标高数值，即房间的净空高度。由于是标注顶棚各构件底面的高度，因而标高符号的尖端应向上。

3. 表示顶部灯具灯带的式样、规格、数量及布置形式和安装位置。顶棚平面图上的设备、设施按比例画出它的正投形外形轮廓，力求简明概括，并附加文字说明。

4. 表示设备设施，如空调系统的风口、顶部消防系统的喷淋和烟感报警器、音响设备与检查口等设施的规格、布置形式、定位尺寸与安装位置。另外，在装饰中为了协调水、电、暖通、消防等各种设备、设施的布置定位，可绘制出顶棚设备综合布点图。在该图中应将灯具、喷淋头、风口及顶棚造型的位置都标注清楚。顶棚设备综合布点图的绘制原则是：一是应符合各专业的规范要求；二各设施的布点不能发生冲突，要做到造型美观。顶棚设备综合布点图一般都由装饰设计专业与各设备设计专业协调完成，如图 5-3 所示。

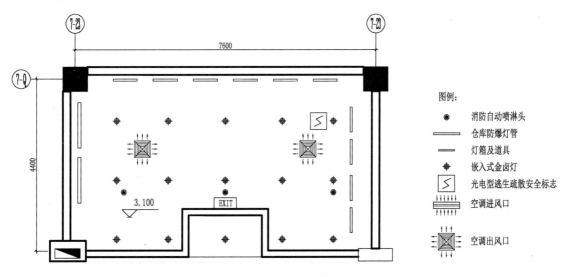

图 5-3　某专卖店顶棚综合布点图

5. 表示墙体顶部有关装饰配件（如窗帘盒、窗帘、窗帘轨道等）的形式和位置。
6. 表示顶棚剖面构造详图的剖切位置、剖切面编号及投形方向。

二、尺寸标注

1. 轴线标注，用镜像法绘制的顶棚平面图图形的前后、左右位置及轴线的纵横排列与装饰平面图相同。当顶棚平面图标明了墙柱断面和门窗洞口，就不必再重复标注轴间尺寸、洞口尺寸和洞间墙尺寸，这些尺寸可对照平面布置图来标注。定位轴线和编号也不必每轴都标，只需在平面图形的四角部分标出，以确定它与平面布置图的对应位置。

2. 标高，顶棚平面图的标高以顶棚所在楼层楼面为基准，应标明顶棚面和分层吊顶标高。

3. 定位尺寸，顶棚平面图应标明灯具、风口等设备的定位尺寸。

三、符号标注

1. 详图和索引符号
在顶棚平面图上应标明顶棚构造详图的剖切位置及剖面构造详图所在的位置。

2. 图名、比例标注

顶棚平面图的图名表示位置及方法同装饰平面图。顶棚平面图的常用比例有 1：200，1：100，1：50。

习题： 1. 顶棚平面图应表示出哪些内容？

2. 顶棚平面图的轴线应如何标注？

第三节　顶棚平面图的绘制

学习目标： 掌握顶棚平面图的绘制步骤和识图方法。

顶棚平面图的绘制步骤与室内平面图的绘制步骤较为相似，具体如下：

第一步：绘制顶棚平面图的建筑结构，由于形成顶棚平面图与室内平面图的原理相似，都是从窗台上方的水平位置将房屋剖开形成剖面图，所以其剖切到的墙、柱与平面图中的墙柱完全一致。在顶棚平面图中只需要用粗实线画墙体，不必画墙体材料的图例和门窗造型及开启线，所以在门窗缺口处应将墙体进行封闭连接，如图5-4。

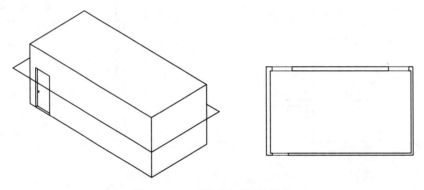

图5-4（*a*）　顶棚平面图的形成

第二步：绘制顶棚造型。运用正投形原理，画出顶棚造型的平面投形，并标注标高。

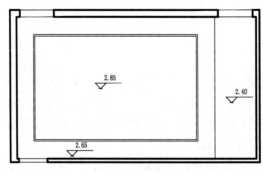

图5-4（*b*）　顶棚平面图的形成

第三步：绘制设备设施的位置及定位尺寸。种类繁多的设备，如灯具、风口、喷淋、烟感器，应采用统一图例绘制。

第四步：区分线条等级，顶棚平面图上凡是剖到的墙、柱轮廓线应用粗实线表示；吊顶造型的投形线用中实线表示；顶棚中暗藏的灯带用细虚线表示；其余设备投形线用细实线表示（参见第一章第二节）。

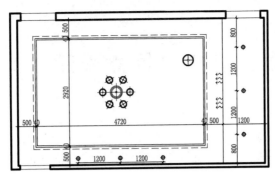

图 5-4（*c*）　顶棚平面图的形成

第五步：标注尺寸、图名及比例。按照制图规范标注顶棚尺寸及标高。其中，顶棚上的不同材料宜用不同的材料图例来填充，对于特殊材料和工艺可用必要的文字说明。在注明详图索引符号时，应在图形下方标注图名和比例尺。

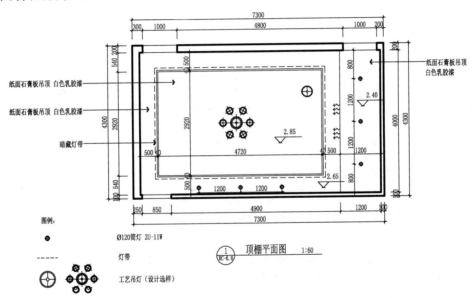

图 5-4（*d*）　顶棚平面图的形成

习题： 1. 顶棚平面图常用的绘制比例有哪些？

　　　　2. 在顶棚平面图绘制时应如何区分门洞和窗洞？

第六章 室内装饰立面图（3学时）

第一节 室内装饰立面图的形成和作用

学习目标：1. 理解室内装饰立面图的两种形成方法。
　　　　　　2. 了解室内装饰立面图的作用。

一、室内装饰立面图的作用

室内装饰立面图是表现室内墙面、柱面、隔断、家具等垂直面的装饰图样。主要表现室内高度，门窗的形式和位置，墙面的材料、颜色、造型、凹凸变化和墙面布置的图样。室内装饰立面图是室内立面造型和设计的重要依据。室内装饰立面图表现的图样大多为可见轮廓线，它是室内垂直界面及垂直物体的所有图像的反映。

二、室内装饰立面图的形成

室内装饰立面图是平行于室内各方向的垂直界面的正投形图，如图 6-1（a）所示。装饰立面图的形成方法有两种：

一种是依照建筑剖面图的方法形成：假想平行于某空间立面方向有一个竖直平面从空间顶面至底面

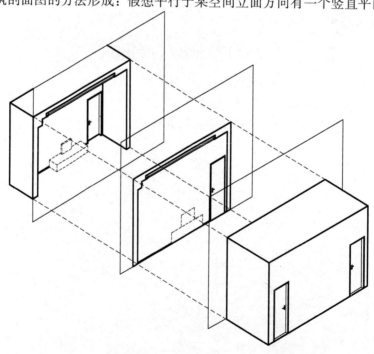

(a) 室内装饰立面图的形成

图 6-1　室内装饰立面图示意

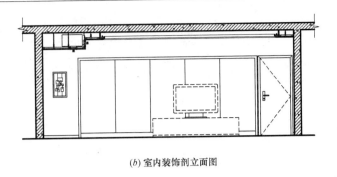

(b)室内装饰剖立面图

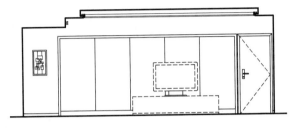

(c)室内装饰立面图

图 6-1　室内装饰立面图示意（续）

将该空间剖开，移去剖切面近处部分，对余下部分作正投形图，即得到该墙面的正视图。正视图中应将剖切到的地面、顶棚、墙体、门窗以及地面陈设等的位置、形状和图例表示出来，所以也称为剖立面图，如图 6-1（b）。用这种方法绘制的图纸内容丰富，能让人看出房间内部及剖切部分的全部内容，其缺点是表现的内容太多，会出现主次不清的结果，如家具部分把墙面装饰物挡住等。这种方法常用于绘制装饰形式简洁的墙面。

　　另一种形成方法是：依照人站在室内向各内墙面观看而作出的正投形图，即对地面以上，吊顶以下墙面以内的墙、柱面部分饰物作正投形。这样形成的立面图不出现剖面图形，故图中不必表达两侧墙体、楼板和顶棚内容，只需表达墙面上所能看到的内容，如图 6-1（c）。用这种方法绘制的图纸洁净明了，可以表达装饰内容复杂的墙面，是室内装饰制图中普遍应用的立面图的表示方法。

习题：1. 室内装饰剖立面图与立面图的主要区别是什么？
　　　　2. 室内装饰立面图的形成原理是什么？

第二节　室内装饰立面图的内容

学习目标：1. 掌握室内装饰立面图的图示内容。
　　　　　2. 掌握室内装饰立面图的制图规范。

　　建筑设计中的室内立面，主要通过剖面来表示，建筑设计的剖面可以表明总楼层的剖面和室内部分立面图的状况，并侧重表现出剖切位置上的空间状态、结构形式、构造方法及施工工艺等。而装饰设计中的立面（特别是施工图）则要表现室内某一房间或某一空间中各界面的装饰内容以及与各界面有关的物体，如家具、陈设品、设施等。其主要内容有：

　　1. 图示内容

　　室内装饰立面图需要表达出墙面和柱面上的装饰造型、固定隔断、固定家具、装饰品等；表示出门、窗及窗帘的形式和尺寸；表示出顶棚剖切部位的装饰造型、材料品种及施工工艺；表示出立面上的灯饰、电源插座、通信和网络信号插孔、开关、消火栓等位置、表明材料、产品型号和做法等。

2. 尺寸标注

标注出立面的宽度和高度。宽度可通过墙体定位轴线和编号来表示，高度用标高符号表示，并采用相对标高面为标高零点，并以此为基准来表明立面图上地面高差、建筑层高以及顶棚剖切部位的标高。此外，还应标注出立面上装饰造型的定位尺寸及相关尺寸。

3. 符号标注

标注出立面索引符号、图样名称和制图比例以及需要放大的局部剖面的符号。装饰设计中的立面是指立面所在位置的方向。在制图过程中，同一立面可以有不同的表达方式，各个设计者或设计单位可根据自身作图习惯及图纸的要求选择，但在同一套图纸中，通常只采用一种表达方式。立面的表达方式，目前常用的主要有以下四种：

（1）在装饰平面图中标出立面索引符号，用 A、B、C、D 等指示符号来表示立面的指示方向，如图 6-2（a）；

（2）利用轴线位置表示，如图 6-2（b）；

（3）对于局部立面的表达，也可直接使用此物体或方位的名称，如屏风立面、客厅电视柜立面等，如图 6-2（c）；

通常室内某一空间的墙面、柱面的面积较小，所以制图比例一般不宜小于 1：50。在这个比例范围内，可以清晰地表达出室内立面上的形体。

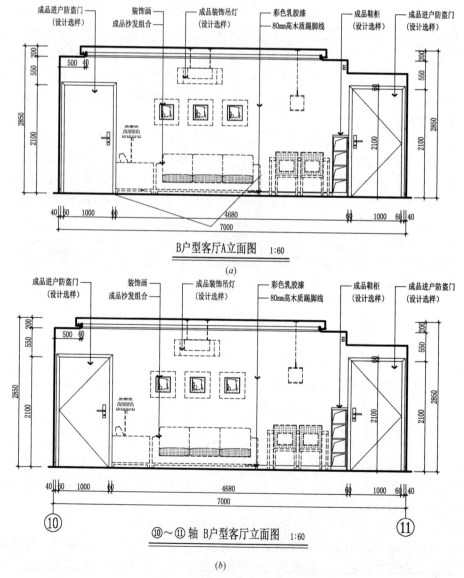

图 6-2 室内装饰立面图的命名

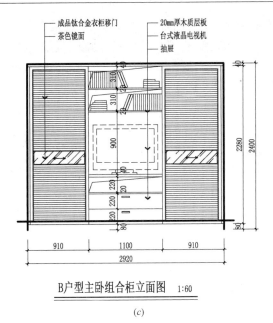

成品钛合金衣柜移门
茶色镜面
20mm厚木质层板
台式液晶电视机
抽屉

B户型主卧组合柜立面图　1:60

(c)

图6-2　室内装饰立面图的命名（续）

习题：1. 室内装饰立面图与建筑立面图的主要区别是什么？
　　　　2. 室内装饰立面图的命名有哪几种方式？

第三节　室内装饰立面图的绘制

学习目标：掌握室内装饰立面图的绘制步骤和识图方法。

　　室内装饰立面图应按一定方向依顺序绘制。立面图应选取具有代表性的墙面绘制，通常无仅刷涂料的墙面不需画出立面图。当某空间中的两个相同立面，一般只要画出一个立面，但需要在图中用文字说明；当墙面较长，而某个部分又用处不大时，可以截取其中一段，并在截断处画折断符号；当墙面有洞口、并且后面有能看到的物体时，立面图只画该墙面上的物象，后面能看到的物体不必画出；当平面呈弧形或异形的室内空间，立面图形可以将一些连续立面展开成一个立面绘制，但应在立面图图名后加注"展开"二字，见图6-3。

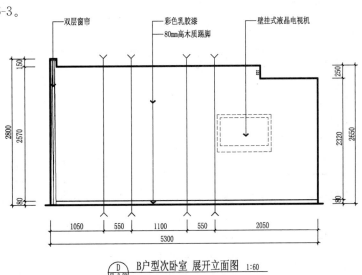

双层窗帘
彩色乳胶漆
80mm高木质踢脚
壁挂式液晶电视机

D
EL-3.23
B户型次卧室 展开立面图　1:60

图6-3　展开立面图

　　立面图根据其上述形成方法不同，也有两种绘制方法：一种是重点绘制墙面造型、装饰内容，而装饰立面与顶棚楼板、两侧墙面只绘制轮廓线。另一种方法是除了立面造型、装饰内容，还需绘制立面两侧的墙剖面和顶棚剖切面。通常，当另有顶棚大样图时，顶棚的剖切面可以省略不画。

　　以上两种绘制方法的步骤基本相同，具体如下：

　　第一步：选定立面图的比例，定图幅。

　　第二步：画出楼地面、楼板结构、顶棚造型、墙柱面的轮廓线。画出剖切立面时，应将立面两侧墙体、楼板、梁、顶棚造型的剖切面画出，如图6-4（a）所示。

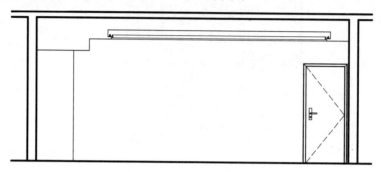

$\bigodot_{EL-3.21}^{C}$　B户型客厅立面图　1:60

图6-4（a）　立面图的形成

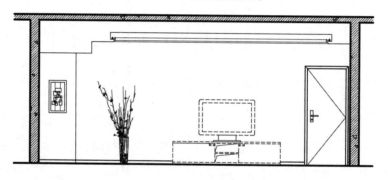

$\bigodot_{EL-3.21}^{C}$　B户型客厅立面图　1:60

图6-4（b）　立面图的形成

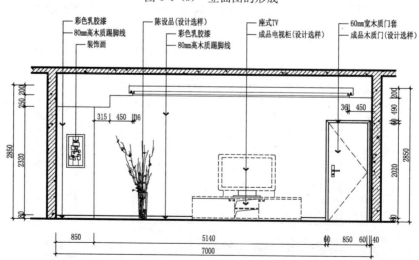

$\bigodot_{EL-3.21}^{C}$　B户型客厅立面图　1:60

图6-4（c）　立面图的形成

88

第三步：画出墙柱面装饰造型以及门窗的投形。如设计需要，室内家具、陈设、绿化等的投形也应画出，如图6-4（b）所示。

第四步：区分图线等级。立面图的最外轮廓线、顶棚剖面线用粗实线绘制，地坪线可用加粗线（粗于标注线宽的1.4倍）绘制，装修构造的轮廓和陈设的外轮廓线，用中实线绘制，材料、质地的表现、尺寸标注等宜用细实线绘制，如图6-4（b）所示。

第五步：标注尺寸和说明文字。标注出纵向尺寸和横向尺寸，地面、顶棚等水平部位应标明标高。标注壁饰、装饰线等造型的定位尺寸。室内家具陈设等物品应根据实际大小用图纸统一比例绘制，可不必标注尺寸。立面图中各装饰面的材料、色彩及施工工艺可用文字来说明，如图6-4（c）所示。

第六步：标注详图索引符号、剖切符号、图名和比例。

习题：在什么情况下应绘制展开立面图，具体应如何绘制？

第七章 室内装饰剖面图（3 学时）

第一节 室内装饰剖面图的形成和作用

学习目标：1. 了解室内装饰剖面图的形成原理、作用及分类。

2. 掌握室内装饰剖面图剖切位置的选择要求。

一、室内装饰剖面图的形成

室内装饰剖面图是用一假象竖直平面将室内或物体需表达的部位剖开，移去视线前面的部分，对剩余部分按照正投形原理绘制以得到表示内部关系和结构连接方法的图形。剖面的形成有全剖面、阶梯剖面（见图 7-1），装饰工程剖面图一般有墙身剖面图、顶棚剖面图和局部剖面图。

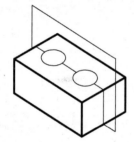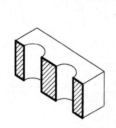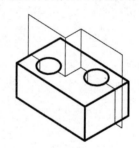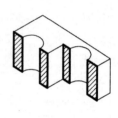

图 7-1　不同剖切方法形成的剖面图

剖面图的剖切位置应该选择能反映空间形态和装饰构造特征及有代表性的部位剖切，剖切位置最好贯通平面图的全长，为了反映墙体和柱面的装饰情况，剖切面不应穿过柱子和墙体，如图 7-2。

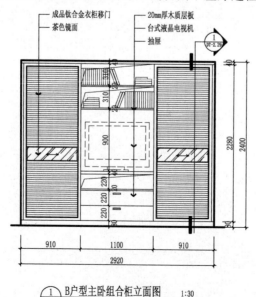

图 7-2　衣柜剖面图

90

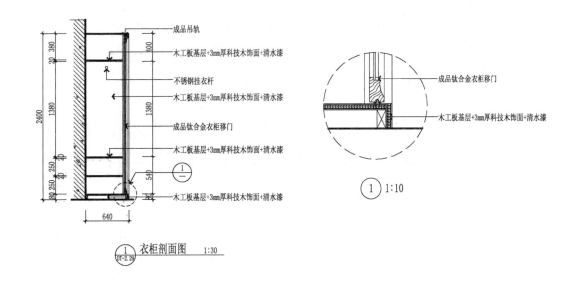

图 7-2 衣柜剖面图（续）

二、室内装饰剖面图的作用

室内装饰剖面图是对在平面图及立面图中无法表达清楚的部分进行局部剖切，以表达室内设计中装饰构造的构成方式、使用材料的装饰形式以及承重构件之间的相互关系等，室内装饰剖面图可为施工提供详细的依据，也可为节点详图的绘制提供基础资料。图 7-2 中①节点是从剖面图中索引的。

习题： 1. 室内装饰剖面图在室内设计制图中的作用？
2. 室内装饰剖面图如何选择剖切位置？

第二节　室内装饰剖面图的内容

学习目标： 1. 掌握室内装饰剖面图的图示内容。
2. 掌握室内装饰剖面图的比例选取、尺寸标注、图名标注等制图要求。

室内装饰剖面图的主要内容有：

一、图示内容

室内装饰剖面图需要绘制出被剖到的墙、柱、楼板、吊顶和家具等结构部分的内容；剖切空间内可见物体的形状、大小与位置；表示装饰结构的剖面形状、构造形式、各层次的材料品种、规格以及与相互之间的连接方式；表示装饰结构和装饰面上的设备安装方式或固定方法；表示装饰构件、配件的尺寸，工艺作法与施工要求；表示节点详图和构配件详图的所示部件与详图所在位置，如图 7-3、图 7-4 为某住宅客厅中顶棚的剖面节点。

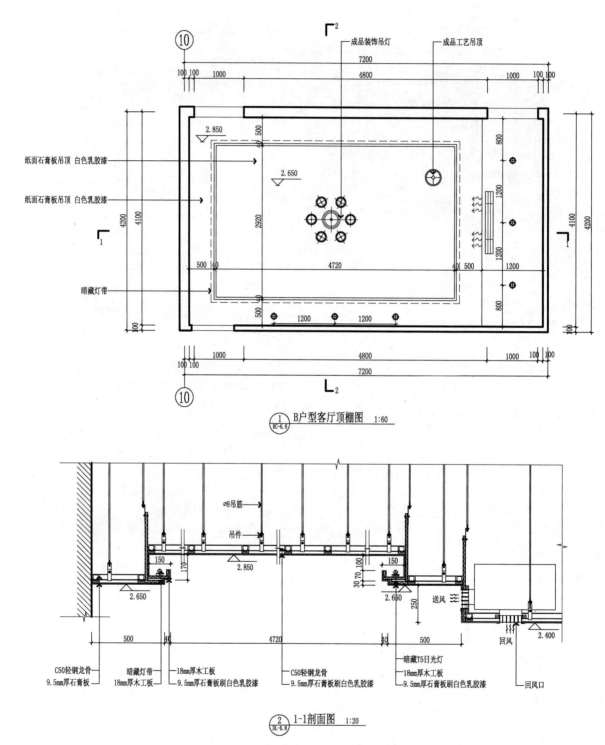

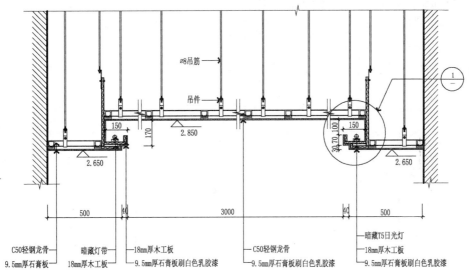

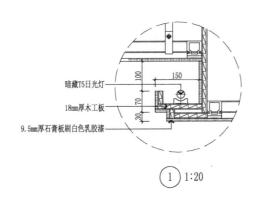

图 7-4　顶棚剖面图

二、尺寸、比例和图名标注

室内装饰剖面图需标注的尺寸主要有墙体、柱之间定位轴线间尺寸，同时标注与平面图相对应的编号；门窗洞口间距；各部位构造尺寸；楼层地面标高、顶棚标高、门窗标高、造型标高。还需要用文字标注来说明材料名称和型号、施工工艺和施工要求。

对于某些没法表达清楚需要画详图的部位应标注索引符号。

室内装饰剖面图的比例可与立面图相同。

室内装饰剖面图的命名以剖切位置的编号来命名，如 1-1 剖面图、2-2 剖面图。

习题：1. 室内装饰剖面图应注明哪些标高尺寸？
　　　　2. 室内装饰剖面图的命名有什么特点？

第三节　室内装饰剖面图的绘制

学习目标：掌握室内装饰剖面图的绘制步骤和识图方法。

　　室内装饰剖面图的绘制方法与装饰立面图画法相似，其主要区别在于剖面图需要画出被剖切到的墙体、柱子、楼板等，具体步骤如下：

　　第一步：选定比例、定图幅。

　　第二步：根据剖切位置画出剖到的楼地面、顶棚结构、墙柱面、门窗洞口的轮廓线，并标出剖面图例。

　　第三步：绘制出剖到部分的装饰构造层次、施工工艺、连接方式以及材料图例，如图 7-5 所示。

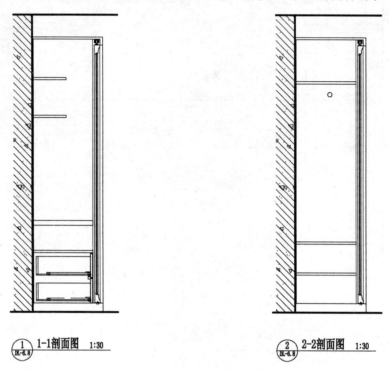

图 7-5　主卧室电视柜剖面图

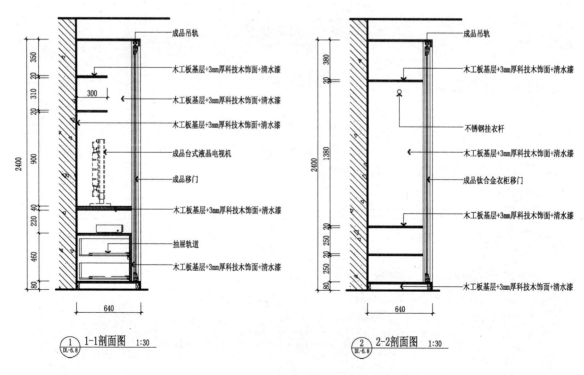

图 7-6　主卧室电视柜剖面图

第四步：按照正投形原理绘制出看到的家具陈设及其他设施。

第五步：明确图面线条等级。剖切到的建筑结构体轮廓用粗实线，装饰构造层次用中实线，材料图例线及分层引出线等用细实线。

第六步：标注尺寸、详图索引符号、说明文字、图名比例，完成作图，如图7-6所示。

习题：1. 室内装饰剖面图与详图的主要区别是什么？

2. 室内装饰剖面图的线条等级有什么要求？

第八章　室内装饰详图（3学时）

第一节　室内装饰详图的形成与作用

学习目标： 1. 了解详图的形成和作用。
2. 掌握详图常用的绘制比例。
3. 掌握局部详图和节点详图的区别。

一、详图的形成

为了装饰施工的需要，施工图中应表示一些细部做法，而在平面图、顶面图、立面图中因图幅、比例的限制，一般无法表达这些细部做法，为此必须将这些细部引出，并将它们的比例放大，绘制出内容详细、构造清楚的图样，即详图。

详图一般有局部大样图和节点详图两种（图8-1）。局部大样图是指把平面图、立面图、剖面图中某

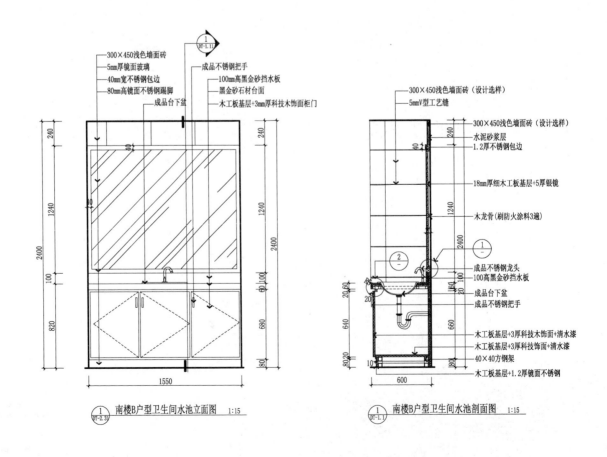

图 8-1　节点详图

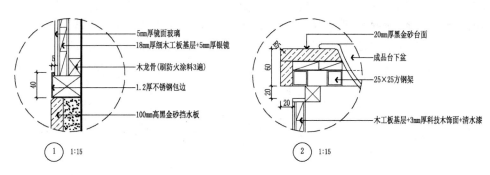

图 8-1　节点详图（续）

些需要详细表达设计的部位，单独进行放大比例绘制的图样。大样图的比例一般取 1∶50、1∶10、1∶5。节点详图是将两个或两个以上装饰面的汇交点按垂直或水平方向剖开，进行放大比例绘制的图样。节点详图需清楚反映节点处的连接方法、材料品种、施工工艺和安装方法等。节点详图的比例比大样图的比例大，表达的内容更清晰。节点详图的比例一般取 1∶1、1∶2、1∶5、1∶10，其中 1∶1 的详图也称为足尺图。

二、详图的作用

由于平面图、立面图、剖面图在表示装饰造型、构造做法、材料选用、细部尺寸等细节受图例的限制，只有通过大比例的详图来详细表明图样内容。故装饰详图是对室内平、立、剖面图中内容的补充。

在绘制装饰详图时，应做到图形、图例、符号准确，数据详细和文字说明清晰，即要做到图例构造明确清晰、尺寸标注细致，定位轴线、索引符号、控制性标高、图示比例等也应标注准确。对图样中的用材做法、材质色彩、规格大小等可用文字标注清楚。

一套装饰施工图需要画多少详图，画哪些部位的详图，要根据设计情况和工程的大小及复杂程度而定。

习题： 1. 什么是详图，什么是足尺图？
2. 节点详图应反映哪些内容？

第二节　室内装饰详图的内容

学习目标： 1. 了解详图的具体分类。
2. 掌握详图主要内容和制图规范。

一、详图的分类

装饰设计详图，按照装饰部位可分为墙柱面详图（见图 8-2a），顶棚详图（见图 8-2b），楼地面详图（见图 8-2c），门窗详图（见图 8-2d），家具详图（见图 8-2e）、灯具详图，固定设施、设备详图以及装饰造型详图等。

二、详图内容

室内装饰详图因装饰部位的不同，表示内容也不同。装饰平面局部放大图应表示出建筑平面的结构形式、门窗位置,详细标明家具、卫生设备、电器设备、摆设、绿化等布置形式、尺寸大小,并标注相关的文字说明。装饰顶棚平面放大图应表示出楼板与吊顶之间的连接形式,标明顶棚材料的品种、尺寸、规格,工艺等。装饰立面局部放大图应表示出房间围护结构的形式,详细标明出墙体面层装饰材料的收口、封边、尺寸、工艺以及墙面装饰物的规格、颜色、尺寸、工艺等。装饰构配件(如吊灯、吸顶灯、壁灯、暖气罩、空调通风口等)详图,应表示这些构配件的详细位置、标明材料名称、内部构造形式、尺寸以及与建筑构件的连接方法。

节点详图应主要标注某些构配件局部的详细尺寸、做法和施工要求,标明装饰结构与建筑结构之间详细的连接方式、装饰面层之间的连接方式及设备安装方式。

装饰详图应用索引符号清晰地标明与相关图纸的关系。装饰详图的图名通常采用详图编号,并与被索引图上的索引符号相对应。装饰详图应有索引符号,其比例一般大于图纸中其他图样的比例,并标注详细的尺寸和文字说明。

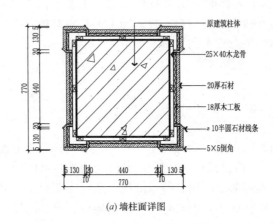

(a) 墙柱面详图

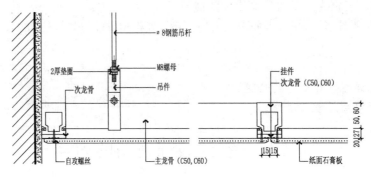

(b) 顶棚详图

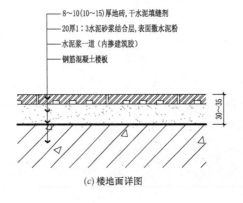

(c) 楼地面详图

图 8-2　室内装饰详图

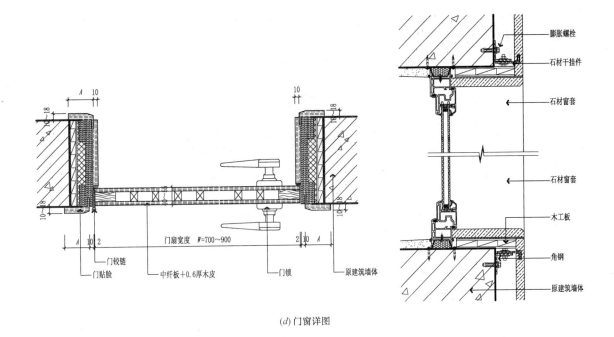

(d) 门窗详图

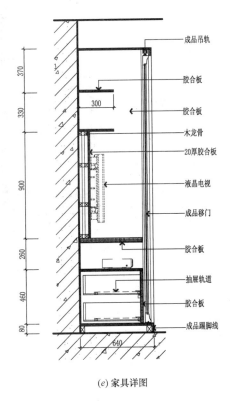

(e) 家具详图

图 8-2　室内装饰详图（续）

习题： 1. 详图的种类有哪些？

2. 索引符号在装饰详图中的作用是什么？

第三节　室内装饰详图的绘制

学习目标： 掌握室内装饰详图的绘制步骤和识图方法。

第一步：选比例、定图幅；

第二步：绘制出墙柱面的结构轮廓；

第三步：绘制出门套、门窗等装饰形体轮廓；

第四步：绘制出各部位的构造层次及材料图例，如图 8-3（a）所示；

第五步：检查并加深、加粗图线。凡是剖切到的建筑结构和材料的断面轮廓线均以粗实线绘制，其余的用细实线绘制；

第六步：标注尺寸、做法和工艺说明、图名和比例，完成作图，如图 8-3（b）所示。

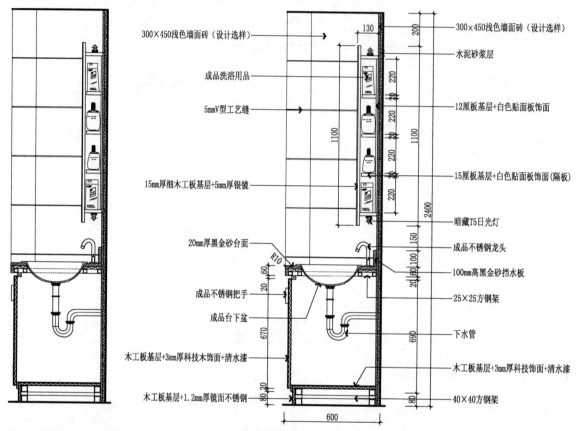

（a）先画卫生间洗脸台剖面的图样　　　　　（b）后标注卫生间洗脸台剖面的尺寸、材料、做法等

图 8-3　室内装饰详图的绘制示意

习题： 1. 室内装饰详图的绘制具体有哪些步骤？

2. 室内装饰详图的绘制深度要求有哪些？

第三篇　室内装饰工程图纸深度

第九章 装饰工程的图纸内容及编排（1学时）

第一节 装饰设计的图纸内容

学习目标： 1. 了解装饰设计的基本过程。
2. 掌握装饰设计过程各阶段的工作内容。

装饰的设计过程可分为设计准备、方案设计、初步设计、施工图设计和设计实施五个阶段。在这五个阶段中，工作内容和图纸要求各不相同。学习制图和识图必须了解各阶段制图的内容、深度和要求。表9-1表述了装饰设计各阶段的工作内容和制图的要求。

装饰设计的程序和相关图纸要求　　　　　　　　　　　　　　　表9-1

阶段	工作项目	工作内容	图纸内容	制图要求
设计准备	调查研究	1. 接受设计任务书，了解设计内容、设计范围、设计要求、造价要求以及有关文件； 2. 定向调查，征求业主意见，包括设计的标准、造价、功能、样式等； 3. 现场调查，将建筑图、结构图、设备图与现场进行核对，同时对周围环境进行调查； 4. 查阅、收集同类设计内容的资料	对图纸与现场有出入处进行修正或重新绘制	根据现场测绘的资料，可徒手绘制平面草图，也可用器具或电脑作图，要求准确反映建筑的实际情况
方案设计	方案设计	1. 整体构思，形成草图，包括平、立面图和透视草图； 2. 比较各种草图，从中选定初步方案； 3. 完善设计方案； 4. 绘制效果图； 5. 提供设计投标说明文件； 6. 征求业主意见	1. 构思草图，包括透视图； 2. 将建筑设计图纸转换成室内设计图纸工作图； 3. 绘制平面图、顶棚平面图、主要立面图及必要的分析图； 4. 绘制效果图（方案设计的效果图的表现部位应根据业主委托和设计要求确定）； 5. 编制设计文本	1. 要求图样的比例正确； 2. 将建筑设计图纸中与建筑装饰无关的内容去掉； 3. 标注轴线编号，并使轴线编号与原建筑图相符； 4. 标明建筑装饰设计中对原建筑改造的内容； 5. 标明主要尺寸和装修材料； 6. 图面美观、整齐； 7. 绘制效果图，要求正确反映装饰设计的构思和效果
初步设计	完善方案设计图	1. 对方案设计进一步深化，进行修改、补充； 2. 与建筑、结构、设备、电气设计专业协调； 3. 提供设计图纸（平面图、顶棚平面图、主要立面图、主要剖面图）； 4. 提供设计说明书	1. 编制设计说明； 2. 绘制平面图、顶棚平面图、主要立面图、主要剖面图； 3. 应能作为工程报审的依据； 4. 应能作为深化施工图的依据； 5. 应能作为工程概算的依据； 6. 应能作为主要材料和设备的订货依据	1. 深化、修正、完善设计方案； 2. 能反映装修用材和基本工艺
施工图设计	完善扩初设计	1. 对设计进行修改、完善； 2. 对建筑、结构、电气、给排水、暖通专业的完善	1. 编制施工说明； 2. 绘制平面图、顶棚平面图、立面图、剖面图、详图、节点图	1. 深化、修正、完善设计方案； 2. 要求标注详细尺寸、材料品种、规格和做法
	完成施工文件	1. 提供施工说明书； 2. 提供施工图图纸（平面图、顶棚平面图、立面图、剖面图、详图、节点图）		
设计实施	与施工单位协调	向施工单位说明设计意图、进行图纸交底	1. 变更和补充图纸； 2. 绘制竣工图	要求正确反映实际工程量和装饰用材
	完善施工图设计	根据现场情况对图纸进行局部修改、补充		
	工程验收	会同质检部门和施工单位进行工程验收		

注：1. 要求较高的装饰工程，可根据需要，绘制概念设计图和初步设计图。
2. 竣工图一般由施工单位绘制，竣工图的制图深度应与施工图的制图深度一致，其内容应能完整记录施工情况，并应满足工程决算、工程维护以及存档的要求。
3. 平面图、顶棚平面图、立面图、剖面图、详图、节点图等图的绘制要求及图纸深度要求见本书的第四、五、六、七、八章内容。

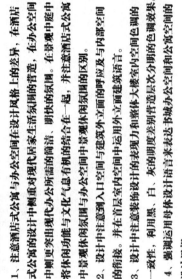

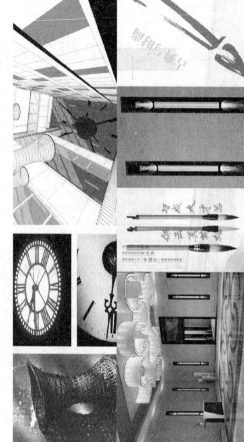

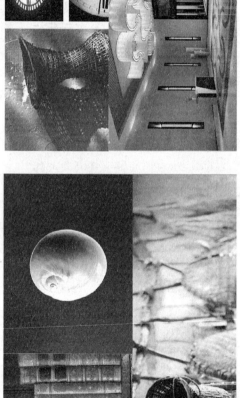

着眼国际、低碳理论、创想精英阶层新领地

着眼国际，低碳理念，创想精英阶层新领地

图 9-1　某住宅装修方案设计图

(a)

[设计原则]

1、本设计根据并执行国家和地方现行的相关规范和标准。该内容可参照第二部分执行的主要规范的相关内容。

2、设计中注意与建筑设计、设备设计、部品部件的协调。提倡建筑设计与装饰装修设计一体化，避免结构破坏，材料浪费和工艺重复等问题。

3、本设计着力做到"简装修重装饰"，充分运用家具、陈设品创造舒适美观和富有个性的空间环境。

4、强调选用材料的环保性。尽量使用可再生材料以力求节约的资源。本设计选用适合当地的国家和地方标准的低污染、低能耗、高性能、高耐久性的材料，并根据当地的情况合理选用材料，注意材料和视觉效果的性价比。

5、设计中参考住宅建筑产业化的发展需求，供取采用相关部门门已审批的新技术、新工艺、新材料和新部品，推广标准化、模数化、通用化的工厂化生产方式。

6、本设计注重建筑高光环境、声环境、热环境和空气环境的质量。

7、本设计对防水工程、墙、地面装修工程、门窗装修工程、卫生洁具安装工程、管道安装工程等进行设计，并能为施工、监理、检修提供方便。

8、在完成设计的过程中，本设计团队对工程项目的现场情况进行了认真调研和详细复查。

[设计思路]

1、注意酒店式公寓与办公空间在设计风格上的差异，在酒店式公寓的设计中侧重对现代居家生活氛围的营造。在办公空间中则更突出现代办公所需的简洁、明快的氛围。在景观中庭中将休闲功能与文化气息有机的结合在一起，并注意酒店式公寓中景观休闲氛围与办公氛围的区别。

2、设计中注意到入口空间与建筑外立面的呼应及与内部空间的衔接。并在首层室内空间用外立面建筑语言。

3、设计中注意装饰设计的表现力和整体大楼室内空间的色调的一致性，利用黑、白、灰的明度差别使范层次分明的色调瓷砖。

4、强调运用休闲设计语言来表达书城办公空间和公寓空间内的设计思想。

5、充分注意对厨有平面布局的推敲和完善，重点就强调对两北两楼入口门厅与两个中庭景观休闲性的表达。

6、充分注意对功能材料的整体性表现。

7、设计中景观中庭将休闲文化与能功书文化有机的结合在一起。

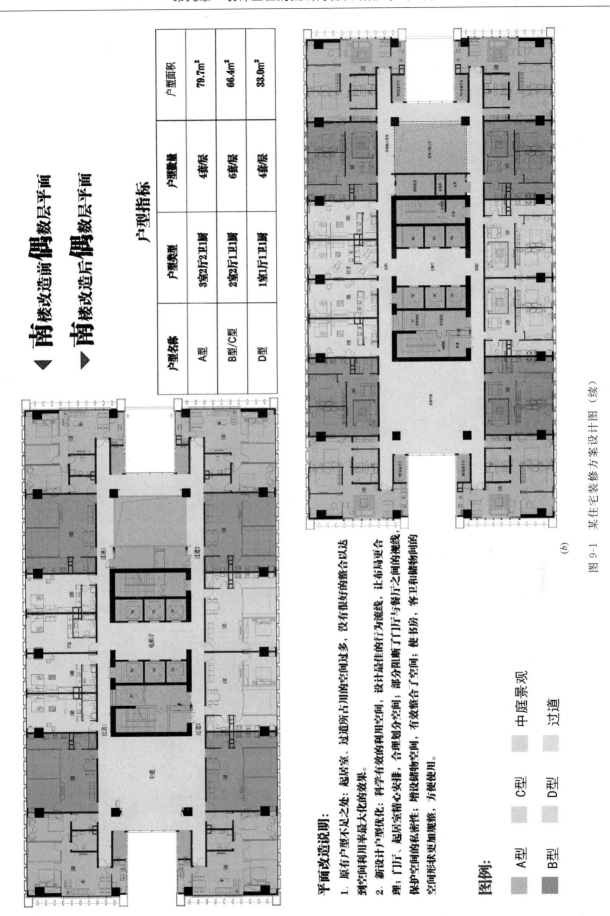

▲南楼改造前偶数层平面

▶南楼改造后偶数层平面

户型指标

户型名称	户型类型	户型数量	户型面积
A型	3室2厅2卫1厨	4套/层	79.7m²
B型/C型	2室2厅1卫1厨	6套/层	66.4m²
D型	1室1厅1卫1厨	4套/层	33.0m²

(b)

图9-1 某住宅装修方案设计图（续）

平面改造说明：

1. 原有户型不足之处：起居室、过道所占用的空间过多，没有很好的整合以达到空间利用率最大化的效果。

2. 新设计户型优化：科学有效的利用空间，设计最佳的行为流线，让布局更合理；门厅、起居室前应合理，合理划分空间，部分阻断了门厅与餐厅之间的视线，保护户空间的私密性；增设储物空间，有效整合了空间，客卫和储物间的空间形状更加规整，方便使用。

图例：

A型

B型

C型

D型

中庭景观

过道

105

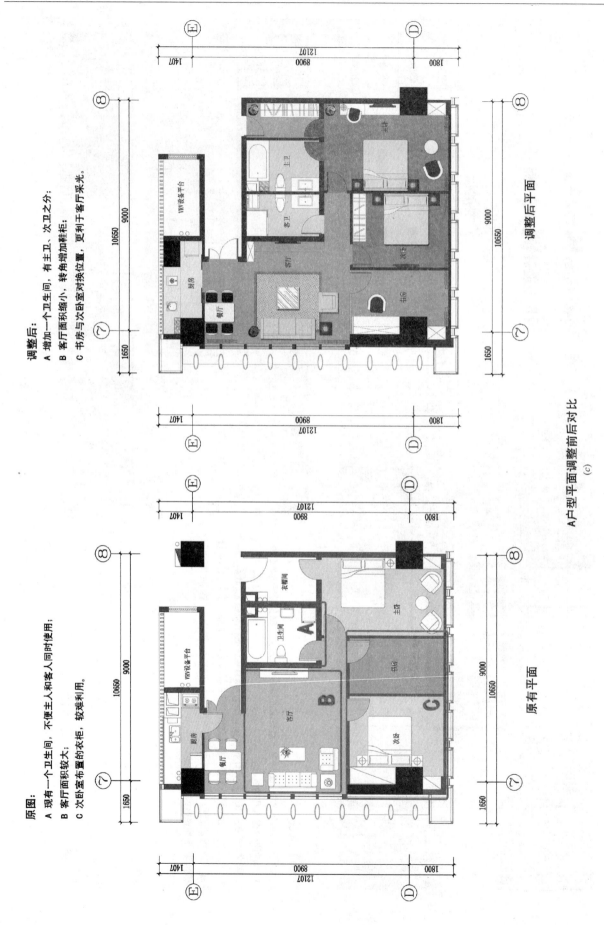

图 9-1　某住宅装修方案设计图（续）

A户型平面调整前后对比

(c)

调整后：

A 增加一个卫生间，有主卫、次卫之分；

B 客厅面积缩小，转角增加鞋柜；

C 书房与次卧室对换位置，更利于客厅采光。

原图：

A 现有一个卫生间，不便主人和客人同时使用；

B 客厅面积较大；

C 次卧室布置的衣柜，较难利用。

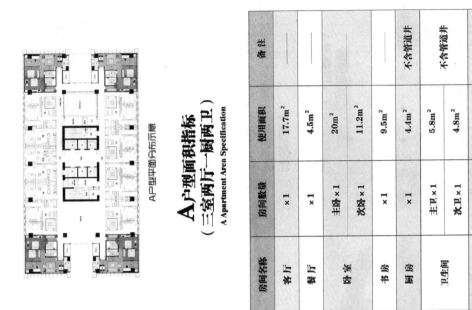

A户型平面分布示意图

A户型面积指标
（三室两厅一厨两卫）
A Apartment Area Specification

房间名称	房间数量	使用面积	备注
客厅	×1	17.7m²	—
餐厅	×1	4.5m²	—
卧室	主卧×1	20m²	—
	次卧×1	11.2m²	—
书房	×1	9.5m²	—
厨房	×1	4.4m²	—
卫生间	主卫×1	5.8m²	不含管道井
	次卫×1	4.8m²	不含管道井
过道	—	1.8m²	—
A户型总计	—	79.7m²	—

(d)

图9-1 某住宅装修方案设计图（续）

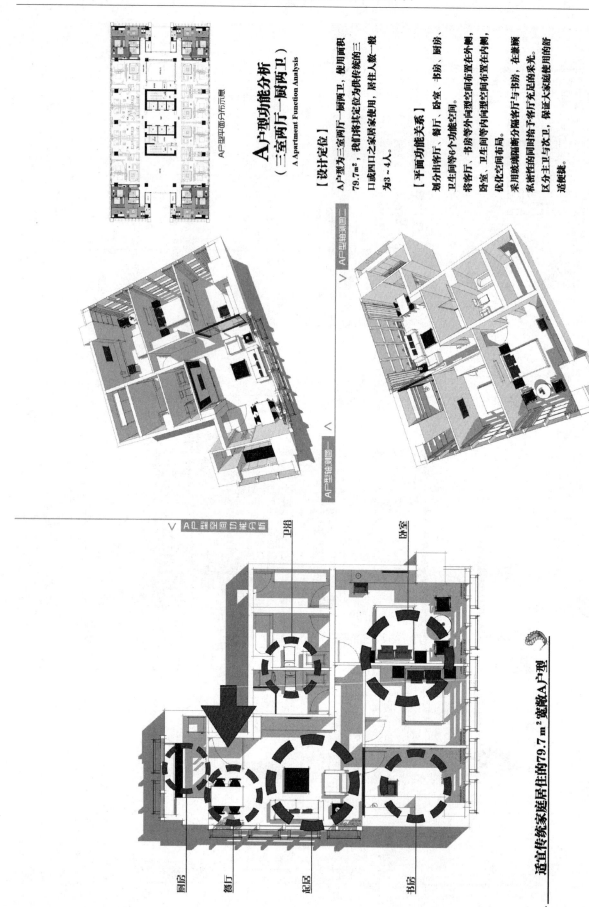

图 9-1 某住宅装修方案设计图（续）

(e)

A户型客厅设计效果
（三室两厅一厨两卫）
A Apartment Living Room Design Effect

A户型现代风格客厅双效果图 ∧

A户型简欧风格客厅双效果图 ∧

【设计定位】

A户型为三室两厅一厨两卫，使用面积79.7 m²，我们将其定位为供传统的三口或四口之家居家使用，居住人数一般为3～4人。

【平面功能关系】

划分出客厅、餐厅、卧室、书房、厨房、卫生间等6个功能空间。

餐客厅、书房等外向型空间布置在外侧，卧室、卫生间等内向型空间布置在内侧，优化空间布局。

采用玻璃隔断分隔客厅与书房，在视觉和装性的同时将客厅与书房无足的采光。

区分主卫与次卫，保证大家庭使用的舒适便捷。

适宜传统家庭居住的79.7 m² 宽敞A户型

【设计效果】

方案一定位为欧式风格，着重突出现代欧式风格，着重突出现代欧式居室布置中注重的舒适优雅、浪漫等感受。

整体色调上，以清新、雅致的象牙白、浅米色为主，铺有小面积的金色、棕色。

造型上，强调曲线、弦脚等形态。

方案二定位为现代风格，着重突出现代居室布置中注重的温馨、简洁、时尚等特点。

整体色调上，以明快、大方的白色、灰色为主，铺有小面积的黑色、棕色。

造型上，强调直线、几何形等形态。

图 9-1 某住宅装修方案设计图（续）

(f)

习题： 1. 方案设计过程中需要绘制哪些图纸内容？
2. 扩初设计图与施工图在制图要求上有哪些不同？

第二节 图纸编排次序

学习目标： 1. 了解工程图纸排序的原则及工程图纸种类。
2. 掌握装饰图纸的编排顺序。

工程图纸应按照专业顺序编排，一般应为图纸目录、总图、建筑装饰图、建筑图、结构图、给水排水图、暖通空调图、电气图、景观图等。以某专业为主体的工程图纸应突出该专业。

在同一专业的一套完整图纸中，也要按照图纸内容的主次关系、逻辑关系有序排列，做到先总体、后局部，先主要、后次要；平面布置图在先，立面图在后，底层在先，上层在后；同一系列的构配件按类型、编号的顺序编排。同楼层各段（区）建筑装饰设计图纸应按主次区域和内容的逻辑关系排列。

建筑装饰图纸应按专业顺序编排，并应依次为：图纸目录、建筑装饰图、给水排水图、暖通空调图、电气图。根据装饰设计的特点要求在初步设计阶段有设计说明，图纸的编排顺序为图纸目录、设计总说明、建筑装饰图、给水排水图、暖通空调图、电气图等。需注意的是：施工图设计阶段没有"设计说明"，只有"施工说明"。

建筑装饰图纸编排宜按图纸目录、设计（施工）说明、总平面图、顶棚总平面图、顶棚装饰灯具布置图、设备设施布置图、顶棚综合布点图、墙体定位图、地面铺装图、陈设、家具平面布置图、部品部件平面布置图、各空间平面布置图、各空间顶棚平面图、立面图、部品部件立面图、剖面图、详图、节点图、装饰装修材料表、配套标准图的顺序编排。

配套标准图一般包括门窗表、灯具表等。需说明的是：规模较小的住宅室内装饰设计通常可以减少部分配套图纸。

通常完整的建筑装饰设计图纸数量较多，为方便阅读、查找、归档，需要编制相应的图纸目录，它是设计图纸的汇总表。图纸目录一般都以表格的形式表示，其内容主要包括图纸序号、工程内容等。

习题： 1. 为什么在编排图纸次序时先总平面、平面图后立面图、剖面图？
2. 施工图设计阶段是否应有设计说明，为什么？

第十章　室内装饰设计方案图的内容及深度（2学时）

第一节　室内装饰方案设计的基本要求及特点

学习目标： 1. 了解装饰方案图的作用及特点。

2. 了解装饰方案图的设计过程。

3. 熟悉装饰方案图的内容。

室内装饰方案应有平面图、顶棚平面图、主要立面图以及设计委托规定的其他图纸；宜有设计说明书、主要装饰材料表、必要的分析图、效果图及设计委托要求提供的工程投资估算（概算）书等。

装饰方案：应根据使用要求、空间特征、结构状况，运用技术和艺术的方法，表达总的设计思想，做到布局科学、功能合理、造型美观、结构安全、造价合适、色彩协调、节能环保、工艺正确，并能据此进行初步设计、施工图设计和工程估算。

一、室内装饰方案根据设计的进程，通常可以分为四个阶段：

1. 现有状况的调研：在接受设计任务后，对于使用者的要求、现状条件进行调研。结合现有图纸，对需要做室内装饰设计的空间进行现场勘察是室内装饰设计的第一步工作，其主要目的是了解该空间建筑完成后的实际情况，了解该空间所在建筑的周边的人文、地理环境，收集相关资料，分析归纳设计任务的综合情况。同时还需与业主交流，充分了解使用者要求，包括经济投资、功能特点（商业的需了解业态特点），面积分配，对家具、设备的要求以及使用者的审美倾向。这一阶段的内容主要是文字记录和收集图例。

2. 设计概念的形成：通过调研与分析，对需要室内装饰设计的空间进行概念设计，这一阶段主要是提出设计理念及功能分区规划，并以草图的形式来表达阶段性成果。

3. 方案的明确：在这阶段中应深化概念，进行整体设计。对人流、高差、颜色、照明、材料需要进行全面的考虑，并主要以二维图、三维图或文字的形式来表达阶段性成果。

4. 方案设计的确认与实施：在这阶段中应绘制各空间的地面、顶棚、墙面等主界面的图纸，并主要以二维图纸体现。另外，根据业主要求，可绘制主要空间的效果图。

二、室内装饰方案是室内装饰设计中的重要阶段，室内方案设计图纸有其自身的特点，主要体现在以下几个方面：

1. 室内装饰设计需要多专业配合。室内装饰设计是在已建或拟建的建筑物基础上进行的，其目的是使建筑空间的功能更加合理，形态更加美观，环境更加舒适。其内容丰富，涉及建筑、结构、水、电、暖通等多个专业。因此进行室内装饰设计一方面需要了解各专业的基本知识，另一方面还需要相关专业配合。

2. 省略原有建筑结构材料及构造。室内装饰设计是在已完成建筑设计或已建成房屋中进行二次设计，因此，在室内装饰设计、施工中只要不更改原有建筑结构，绘图时应省略装饰方案设计不需要的原建筑图中的建筑材料及构造的表示。

3. 可增加配景及陈设品。在室内装饰方案设计图中，为了增强装饰效果和环境气氛，可以在室内装饰方案设计的平、立、剖面图中绘制配景和陈设品。

4. 图示内容的意向性。在室内装饰方案设计图中，对家具、家电、饰品等的摆布及依靠陈设品对空间的围合等在装饰方案设计图中只提供总体构思，图示内容尚有不确定性。

5. 图中尺寸标注的灵活性。在装饰施工图中尺寸标注必须完整、准确，而装饰方案设计图中多数尺寸不必细致，主要标注影响设计效果和设计方案需要的控制尺寸即可。

6. 常附有效果图和三维图纸。在室内装饰方案设计图中常附有重点设计的空间效果图，在家具等固定设施的表达时，还可有轴测图等三维图纸。

习题： 1. 方案设计分为哪几个阶段？

2. 方案设计图是否需要标注尺寸，在尺寸标注上有何特点？

第二节　室内装饰方案设计图的内容

学习目标： 1. 了解设计说明书的形式与内容。

2. 掌握装饰方案设计图中平面图、顶棚平面图、立面图、剖面图的绘制特点。

3. 了解分析图和效果图的作用和内容。

一、设计说明书

设计说明书是对设计方案的具体解说，通常应包括：方案的总体构思、功能布局、装饰风格、主要用材和技术措施以及设计的技术依据等。

室内装饰设计说明书形式较多，大体归纳有三种类型：一是以总体设计理念为主线展开；二是以各设计部位的设计方法为主线展开；三是在说明总体设计理念的同时，又说明各部位的设计方法。

设计说明的表现形式，有单纯以文字表达的，也有以图文结合的形式表达的。在现行招标中，使用较多的是图文结合的形式。

二、平面图

室内装饰方案设计中的平面图主要表明设计的平面布局，原建筑的构造状况（墙体、柱子、楼梯、台阶、门窗的位置等），表示室内的平面关系和室内的交通流线关系，表明室内设施、陈设、隔断的位置，表明室内地面的装饰情况。

室内装饰方案设计图中的平面图通常需画出家具、家电等设备设施以及陈设品的水平投影，可用图例符号表示，也可以图例结合文字表示。所有局部图样均应根据按实际尺寸与平面图相同的比例绘制。

室内装饰方案设计图中的平面图一般包括平面布置图（宜包括隔墙、固定家具及陈设品等的布置）、地面装饰平面图（宜包括地面材料拼接样式、地毯等的设计）以及根据需要绘制反映方案特性的分析图（宜包括功能分区、空间组合、交通分析、消防分析、分期建设等图示）。当地面装饰用材单一，无复杂分格或装饰划分时，在室内装饰方案设计图中不必单独绘制地面铺装图，可直接在平面布置图中表现地面材料。

三、顶棚平面图

顶棚平面图主要是表现室内顶棚上的装饰造型、标高、尺寸、设备布置、材料运用等内容。

制图中遇造型较复杂的顶棚时，应在顶棚平面图中表示顶棚面的起伏变化状况，顶棚高度方向的变化可用标高或文字表示，也可用剖面图表示，在方案图中表示顶棚造型的剖面图不需绘制吊顶内的构造做法，用粗线强调其轮廓即可。

顶棚设计有浮雕、花饰纹样时，应选择不同的表示方法；当顶棚平面图比例较大时可直接表达，当顶棚平面图比例较小时可填充自行设计的图例，并用文字注明。

四、立面图

室内装饰方案设计的立面图主要表现能反映设计意图的室内某一空间中的装饰界面以及与界面有关的物体。

室内装饰方案设计图中的立面图除了画出固定墙面装饰外，还可画出投形在墙面上的家具、陈设品的图样等。

五、剖面图

方案设计阶段一般情况不绘制剖面图，但在空间关系比较复杂、高度和层数不同的部位，或者平面图、立面图、剖面图无法清楚表达时，可绘制剖面图。

六、分析图

分析图是通过图文结合的方式让读者了解设计的理念和方案的特点。

分析图一般包括交通流线、视线分析、功能分区、动静分区、洁净与污染区的划分、色块组织、体块组合等，要求表达的内容要言简意赅，准确易懂。

七、效果图

效果图可以是三维的透视图或轴测图，有时也可以用彩色的二维立面图表现。

室内效果图是主要表现室内空间特点，界面装饰材料，灯光照明，家具、陈设配置后的空间透视效果。

效果图的表现样式可以是由计算机建模渲染而成的表现图。也可以是由人工绘制的表现图。二者的区别是绘制工具不同，表现方式不同。前者可以类似于照片模拟室内装饰工程建成后的效果。后者除了表现建成后的效果外，更能体现设计表现的风格和画面的艺术性。在设计过程中，二者可以互相借鉴，互相融合。

习题：1. 方案设计图中的平面图一般包括哪些图？
　　　　2. 为什么要撰写设计说明书，其应表达的内容有哪些？
　　　　3. 分析效果图在方案设计中的作用，其表现形式有哪些？

第三节　室内装饰方案设计图的深度

学习目标：1. 掌握室内装饰方案设计图中平面图、顶棚平面图、立面图、剖面图需表达的内容深度。
　　　　　2. 掌握方案设计图中平面图、顶棚平面图、立面图、剖面图的尺寸标注要求。

室内装饰方案设计图的制图深度首先应满足本书第五章、第六章、第七章、第八章的制图要求。除此之外，还应符合下列规定：

一、平面图

室内装饰方案设计中的平面图应表达建筑室内在窗台处剖切俯视后的水平界上正投形方向的物象，图内应包括剖切面及投形方向可见的建筑构造以及必要的尺寸、标高等，如需表示洞口、通气孔、槽、地沟、起重机等不可见部分，以及高窗、吊柜等高于剖切平面以上的固定设备设施和构造，应以虚线绘制。除此之外，在绘制室内装饰方案设计中的平面图时还应做到以下几点：

（1）标明室内装饰设计的区域位置及范围，尺寸应与现场尺寸一致；

（2）标明房屋建筑室内装饰设计中对原建筑改造的内容，可根据图面需要在平面图中画出材料、做法的图例或符号；

（3）标明原建筑图中承重墙以及装饰装修设计需要保留的非承重墙、建筑设施、设备；

（4）标注轴线编号，并宜使轴线编号与原建筑图相符；一般方案设计图中平面图的轴线编号及轴线尺寸可以省略不画，但装饰设计改变了原建筑设计的空间布局时，应保留轴线及其编号，以便与建筑施工图对照；

（5）标注总尺寸及主要空间的定位尺寸；一般方案设计图可以不标注与室内装饰无关的建筑外部尺寸；

（6）标明房屋建筑室内装饰设计后的所有室内外墙体、门窗、管道井、电梯和自动扶梯、楼梯、平台和阳台等位置；制图人员应熟悉建筑制图标准中的内容，非装饰设计特有的图例和符号，在绘制中均应延用建筑制图标准中规定的图例和符号；

（7）标明主要功能房间和区域的名称或编号，并标明主要部位的净空尺寸，标明楼梯的上下方向及门窗的开启方向；

（8）标明主要部位固定和可移动的装饰造型、隔断、构件、家具、陈设、厨卫设施、灯具以及其他配置、配饰的名称和位置，所有图样均应根据其实际尺寸按与平面图相同的比例绘制，可标注其定位尺寸；

（9）标明主要装饰材料和部品部件的名称；

（10）标注室内地面的装饰设计标高；

（11）标注指北针、图纸名称、制图比例以及必要的索引符号、编号；方案设计中欲重点设计的立面、剖面位置和投形方向需表示清晰、明确；

（12）根据需要绘制主要房间的放大平面图；

（13）根据需要绘制反映方案特性的分析图，宜包括：功能分区、空间组合、交通分析、消防分析、分期建设等图示。

二、顶棚平面图

室内装饰顶棚平面图应按镜像投形法绘制。顶棚平面图应表示出镜像投形后水平界面上的物象。装饰方案的顶棚平面图应表示顶棚的造型，以及顶棚上各种灯具的布置状况及类型，顶棚上主要设施设备的布置状况与装饰形式。一般在装饰方案设计阶段的顶棚平面图应做到以下几点：

（1）应与平面图的形状、大小、尺寸相对应；

（2）标注轴线编号，并宜使轴线编号与原建筑图、装饰平面图相符；

（3）标注总尺寸及主要空间的定位尺寸，一般不需标注细部尺寸；

（4）应表示门、窗和窗帘盒的位置、大小；

（5）标明室内装饰设计调整过后的室内外墙体、管道井、天窗等的位置；

（6）标明装饰造型、灯具、防火卷帘以及主要设施、设备、主要饰品的位置，方案设计图中一般不需标注其定位尺寸；

（7）标明顶棚的主要装饰材料及饰品的名称，方案设计图中一般不需标明其构造做法；

（8）标注顶棚主要装饰造型位置的设计标高，方案设计应给设备设施预留足够的安装空间，并应充分考虑顶棚主要装饰造型高度位置的可行性；

（9）标注图纸名称、制图比例以及必要的索引符号、编号。

三、立面图

室内装饰立面图应包括投形方向可见的室内轮廓线、门窗、构造、墙面做法、固定家具、灯具、必要的尺寸和标高及需要表达的非固定家具、灯具、装饰物件等（室内立面图的顶棚轮廓线，可根据具体情况只表达吊平顶或同时表达吊平顶及结构顶棚）。除此之外，室内装饰方案设计阶段的立面图还应做到以下几点：

（1）标注立面范围内的轴线和轴线编号，标注立面两端轴线之间的尺寸；

（2）绘制有代表性的立面；

（3）立面图的尺寸与平面图尺寸相符；

（4）标明室内装饰完成面的底界面线和装饰完成面的顶界面线，宜标注出室内装饰方案所需的竖向尺寸及横向尺寸，标注室内主要部位装饰完成面的净高，并根据需要标注楼层的层高；

（5）绘制墙面和柱面的装饰造型、固定隔断、固定家具、门窗、栏杆、台阶等立面形状和位置，标注主要部位的定位尺寸；

（6）绘制视面方向所有的物品图样均应根据其实际尺寸按与立面图相同的比例绘制，其尺寸可不标注；

（7）标注主要装饰材料和部品部件的名称，包括材料的材质、颜色及特殊造型的工艺要求，如墙面上有装饰壁面、悬挂的织物以及灯具等装饰物时也应标明；

（8）宜表示门窗的位置、大小；

（9）标注图纸名称、制图比例以及必要的索引符号、编号。

四、剖面图

室内装饰剖面图应包括剖切面和投形方向可见的建筑构造、构配件以及必要的尺寸、标高等。除此之外，室内装饰方案设计阶段的剖面图还应做到以下几点：

（1）标明室内空间中高度方向的尺寸和主要部位的设计标高及总高度；

（2）若遇有高度控制时，还应标明最高点的标高；

（3）标注图纸名称、制图比例以及必要的索引符号、编号。

五、效果图

效果图应反映方案设计的室内主要空间的装饰形态，并应符合下列要求：

（1）表现主要室内空间的装饰装修效果；

（2）做到材料、色彩、质地真实；

（3）空间尺度准确；

（4）体现设计的意图及风格特征；

（5）图面美观、有艺术性。

习题： 1. 当装饰设计改变了原建筑设计的空间布局时，应如何处理轴线标注？

2. 方案设计中的平面图应表达哪些内容？

3. 顶棚平面图的轴线编号如何标注？

4. 效果图应表达哪些内容？

第十一章　室内装饰初步设计图的内容及深度（1学时）

学习目标： 1. 了解初步设计图的作用。

2. 掌握初步设计图的内容和制图深度要求。

规模较大的公共建筑和批量化城市集合式住宅室内装饰工程，应绘制初步设计图。

初步设计阶段：应是方案的细化，深度接近施工图。

初步设计应包括设计说明、平面图、顶棚平面图、主要立面图。

初步设计图的深度应符合下列规定：

（1）应对方案设计进行深化；

（2）应能作为深化施工图的依据；

（3）应能作为工程概算的依据；

（4）应能作为向相关部门报审的设计文件。

初步设计的图纸内容及深度可参考施工图的内容及深度，见本教材第十二章。

习题： 1. 初步设计图与方案设计图绘制深度的区别主要有哪些？

2. 初步设计图与施工图绘制深度的区别主要有哪些？

第十二章 室内施工图的内容与深度（2学时）

第一节 室内装饰施工图的基本要求及特点

学习目标： 1. 了解装饰施工图的产生。

2. 了解装饰施工图的特点和作用。

室内装饰施工图是表示工程项目总体布局，建筑物的内部布置、结构构造、内部装修、材料工艺以及设备设施安装等要求的图样。施工图要求图纸齐全、表达准确、细致具体，它是进行工程施工、编制施工图预算和施工组织设计的依据，也是进行技术管理的重要技术文件。一套完整的装饰施工图一般包括装饰施工图，结构施工图，给水、排水、采暖、通风施工图及电气施工图等专业图纸，也可将给排水、暖通和电气施工图组合在一起统称设备施工图。

不同的设备专业施工图的内容和要求也不同。

（1）结构专业：根据装饰设计的要求，应出具对原建筑结构加固、局部改造等施工图；

（2）水、暖、通风及空调专业：出具对装饰施工设计中的水、暖、通风及空调的布置、系统施工图等；

（3）电气专业：对装饰施工设计的布置、系统配电线路施工图等。强电有照明及水、暖、通风及空调、消防控制系统配电线路施工图等。弱电有电话、广播、电视、办公自动化、安全控制系统配电线路施工图等。本教材对各专业的设备施工图的内容不作具体规定，但配合室内装饰施工设计是各设备专业设计必须遵守的原则。

施工图设计阶段：应在既定方案设计或初步设计的基础上进行深入设计，完成建筑室内装饰工程施工需要的全部图纸。应标明施工做法（包括节点大样），标明技术措施、材料品质规格、装饰配置、家具饰品等，应能解决技术问题，协调相关专业的技术，作为有关部门审批的文件，并可以此作为现场施工、监理的依据，以及能据以编制施工图预算和施工招标文件，并能在工程验收时作为绘制竣工图的基础性文件。

室内装饰设计施工图阶段应对已建成的室内空间进行现场测绘，并以此作为设计的重要依据。

习题： 1. 一套完整的装饰施工图应包括哪些图纸内容。

2. 室内装饰施工图的特点有哪些？

第二节 室内装饰施工图的内容

学习目标： 1. 了解变更设计的要求。

2. 掌握装饰施工设计图纸的编制顺序。

3. 掌握施工说明的具体内容。

4. 掌握施工图纸的内容。

施工图设计文件的内容应符合下列要求：

（1）装饰设计的施工图纸（含图纸封面、图纸目录、设计说明和主要装饰材料表）；

（2）室内装饰装修工程预算书。

施工设计图纸编制顺序应符合下列顺序：

（1）施工图设计文件封面；

（2）施工图设计图纸目录；

（3）施工图的设计及施工说明书；

（4）施工图设计图纸；

（5）主要装饰装修材料表；

（6）工程量清单或工程预算；

（7）工程需要的材料样品。

一、根据室内装饰设计的特点和设计管理的要求，施工图图纸封面应写明室内装饰工程项目名称、编制单位名称、设计阶段（施工图设计）、设计证书号、编制日期等，封面上应盖设计单位设计资质专用章和施工图发图负责人章。

二、根据室内装饰设计的特点和设计管理的要求，施工图图纸目录应逐一写明序号、图纸名称、图号、档案号、备注等，标注编制日期，并盖设计单位设计资质专用章。

三、施工图说明应符合下列要求：

（1）对建筑结构、消防设施维护状况的说明；

（2）依据的建筑设计规范标准；

（3）应标明室内装饰装修材料的耐火等级、环保质量；

（4）对装饰装修设计中环保质量说明；

（5）对设备、设施深化设计的说明；

（6）对设计中所采用的新技术、新工艺、新设备和新材料说明；

（7）对装饰装修设计样式和特点的说明；

（8）对主要用材的规格和质量的要求；

（9）对主要施工工艺的工序和质量的要求；

（10）标注引用的相关图集；

（11）对图纸中特殊问题的说明。如图纸的编制概况、特点以及提示施工单位看图时必要的注意事项，同时还应对图纸中出现的符号、绘制方法、特殊图例等进行说明。所有施工说明都应标注编制日期，并加盖设计单位设计资质专用章和施工图发图负责人章。

四、施工图设计图纸应包括平面图、顶棚平面图、立面图、剖面图、详图和节点图。图纸应能全面、完整地反映装饰工程的全部内容，作为施工的依据。

施工图应将平面图、顶棚平面图、立面图和剖面图中需要清晰表达的部位索引出来，并应绘制详图或节点图。对于在施工图中未画出的常规做法或重复做法的部位，应在施工图中给予说明。所有施工图都应标注设计出图日期，并加盖设计单位设计资质专用章，项目负责人、设计师和制图、校对、审核的相关人员均应签名。

施工图设计阶段的图样不可以绘制阴影、颜色和配景，应侧重表达固定界面的装饰设计。

施工图包括设计变更。

设计变更：在建筑室内装饰设计或施工中因完善方案或其他原因需变更原方案的应出具设计变更。设计变更应包括变更原因、变更位置、变更内容等。设计变更的形式可以是图纸，也可以是文字说明。

竣工图是工程结束后由施工单位负责完成的图纸。竣工图的制图深度同施工图，其内容应完整反映施工工艺及现场实际情况，并应能作为施工单位工程决算和工程维护、修理的依据，作为存档的资料。

习题： 1. 含设备等专业图纸的一套完整装饰施工图纸的编排顺序是什么？

2. 装饰施工图的图样目录有哪些？

第三节　室内装饰施工图的深度

学习目标： 1. 掌握装饰施工图的图样特点。

2. 掌握装饰施工图（平面图、顶棚平面图、立面图、剖面图、详图）的制图要求。

3. 了解主要装饰材料的名称及图例表示方法。

室内装饰设计施工图的设计深度规定是对设计质量的保证和重要组成部分，其制图深度首先应满足本教材第五章、第六章、第七章、第八章、第十章的制图要求。除此之外，还应做到以下几点：

一、平面图

施工图的平面图应包括设计楼层的总平面图、建筑现状平面图、各空间平面布置图、平面定位图、地面铺装图、索引图等。

1. 施工图中的总平面图除了应满足本教材第十章第三节的要求外，还应做到以下几点：

（1）宜反映室内装饰平面与毗邻环境的关系，包括交通流线、功能布局等；

（2）注明对建筑的改造内容；

（3）标明有特殊要求的部位；

（4）在图幅允许的情况下可在平面图旁绘制需要注释的大样图。

（5）标注室内装饰完成面标高。为方便装饰施工，室内地面装饰装完成面标高可定为±0.000，写在标高线之上，而将相对于建筑标高±0.000的标高写在标高线之下，如 $\triangledown\frac{0.000}{9.000}$ 中，表示本层楼面装饰地面完成面层假定标高为±0.000，本层楼面装饰装修地坪完成面层相对于建筑±0.000的标高为9.000，其他装饰造型等的标高，包括顶棚标高，均相对所在楼层装饰完成地面的高度，可表示为 $\triangledown^{1.200}$、$\triangledown^{6.800}$ 等。

2. 施工图中的平面布置图可分为陈设、家具平面布置图、部品部件平面布置图、设备设施布置图、绿化布置图、局部放大平面布置图等。平面布置图除应符合本教材第十章第三节的要求之外，还应根据需要做到以下几点：

（1）陈设、家具平面布置图应标注陈设品的名称、位置、大小、必要的尺寸以及布置中需要说明的问题；应标注固定家具和可移动家具及隔断的位置、布置方向，以及柜门或橱门开启方向，并标注家具的定位尺寸和其他必要的尺寸。必要时还应确定家具上电器摆放的位置，如电话、电脑、台灯等；

（2）应标明所有橱柜、洁具、洗涤池、上下水立管、排污孔、地漏、地沟的位置，并标注排水方向、定位尺寸和其他必要尺寸；

（3）部品部件平面布置图应标注部品部件的名称、位置、尺寸、安装方法和需要说明的问题；

（4）设备设施布置图应标明设备设施的位置、名称和需要说明的问题；

（5）规模较小的室内装饰设计可将陈设、家具平面布置图、设备设施布置图以及绿化布置图合并；

（6）规模较大的室内装饰设计中应有绿化布置图，应标注绿化品种、定位尺寸和其他必要尺寸；

（7）建筑单层平面较复杂且面积较大，可根据需要绘制局部放大平面布置图。但须在各分区平面布置图适当位置上绘出分区组合示意图，并明显表示本分区部位编号；

（8）标注所需的构造节点详图的索引号；

（9）当照明、绿化、陈设、家具、部品部件或设备设施另行委托设计时，可根据需要绘制照明、绿化、陈设、家具、部品部件及设备设施的示意性和控制性布置图；

（10）对称平面，对称部分的内部尺寸可省略，对称轴部位用对称符号表示，但轴线号不得省略；楼层标准层可共用同一平面，但需注明层次范围及各层的标高。

3. 施工图中的平面定位图应表达与原建筑图的关系，并体现平面图的定位尺寸。平面定位图除应满足本教材第十章第三节的要求之外，还应做到以下几点：

（1）表示室内装饰设计对原建筑或建筑室内装饰设计的改造状况；

（2）标明轴线编号，轴线编号应与原建筑图一致，并注明轴线间尺寸、总尺寸以及装饰装修需要的室内净空定位的尺寸；

（3）标注室内装饰设计中新设计的墙体和管井等构件的定位尺寸、墙体厚度、材料种类及施工工艺；

（4）标注室内装饰设计中新设计的门窗洞定位尺寸、洞口宽度与高度尺寸、材料种类、门窗编号等；

（5）标注室内装饰设计中新设计的楼梯、自动扶梯、平台、台阶、坡道等的定位尺寸、设计标高、材料品种、施工工艺及其他必要尺寸；

（6）标注固定隔断、固定家具、装饰造型、台面、栏杆等构件的定位尺寸和其他必要尺寸，并注明材料及其做法。

4. 施工图中的地面铺装图除应满足本教材第十章第三节、本章第三节的规定之外，还应做到以下几点：

（1）标注地面装饰材料的种类、拼接图案、不同材料的分界线；

（2）标注地面装饰的定位尺寸、规格和异形材料的尺寸、施工工艺；

（3）标注地面装饰嵌条、台阶和梯段防滑条的定位尺寸、材料品种及施工工艺；

（4）标注装饰装修完成后的楼层地面、主要平台、卫生间、厨房等有高差处的设计标高；

（5）如果建筑单层平面较复杂且面积较大，可绘制一些单独房间和部位的局部放大图，如放大的地面铺装图应标明其在原来平面中的位置。

5. 室内装饰设计需绘制索引图。面积较大且空间形状复杂的室内装饰设计需单独绘制索引图。索引图应标明立面、剖面、局部大样、详图和节点图的索引符号及编号，必要时可增加文字说明帮助索引，在图面比较拥挤的情况下可适当缩小图面比例。

二、顶棚平面图

施工图中的顶棚平面图应包括装饰楼层的顶棚总平面图、顶棚综合布点图、顶棚装饰灯具布置图、各空间顶棚平面图等。

1. 施工图中顶棚总平面图除应满足本教材第十章第三节的要求之外，还应做到以下几点：

（1）应全面反映顶棚平面的总体情况，包括顶棚造型、顶棚装饰、灯具布置、消防设施及其他设备布置等内容；

（2）应标明需做特殊工艺或造型的部位；

（3）标明顶面装饰材料的品种、拼接图案、不同材料的分界线；

（4）在图纸空间允许的情况下可在平面图旁边绘制需要注释的大样图。

2. 施工图中顶棚平面图的绘制除应满足本教材第十章第三节的要求之外，还应做到以下几点：

（1）应标明顶棚造型、天窗、构件、装饰垂挂物及其他装饰配置和饰品的位置，标注定位尺寸、标高或高度、材料品种和施工工艺；

（2）应标明所有明装和暗藏的灯具、发光顶棚、空调风口等位置，标注定位尺寸、材料种类、产品型号和编号及施工工艺。

（3）如果建筑单层平面较复杂且面积较大，可根据需要单独绘制局部的放大顶棚图，但需在各放大顶棚图的适当位置上绘出分区组合示意图，并本分区部位编号；

（4）标注所需的构造节点详图的索引号；

（5）表示内容单一的顶棚平面可缩小比例绘制；

（6）对称平面，对称部分的内部尺寸可省略，对称轴部位用对称符号表示，但轴线号不得省略；楼层标准层可共用同一顶棚平面，但需标注层次范围及各层的标高。

3. 施工图中的顶棚综合布点图除应满足本教材第十章第三节的要求之外，还应标明顶棚装饰造型与设备设施的位置、尺寸关系。

4. 施工图中顶棚装饰灯具布置图的绘制除应满足本教材第十章第三节的要求外，还应标明所有明装和暗藏的灯具（包括火灾和事故照明灯具）、发光顶棚、空调风口、喷头、探测器、扬声器、挡烟垂壁、防火卷帘、防火挑檐、疏散和指示标志牌等的位置，标注定位尺寸、材料名称、编号及施工工艺。

三、立面图

施工图中立面图的绘制除应满足本教材第十章第三节的要求外，还应做到以下几点：

（1）绘制立面左右两端的墙体构造或内墙界面轮廓线，标明上下两端的地面线、原有楼板线、装饰后的地面线、装饰设计的顶棚（天花）及其造型线；

（2）标注设计范围内立面造型的定位尺寸及细部尺寸；

（3）标注顶棚剖切部位的定位尺寸及其他相关所有尺寸，标注地面标高、建筑层高和顶棚净高；

（4）标明立面投视方向上装饰物的形状，标注装饰物的尺寸及关键控制标高；

（5）标明立面上装饰材料的种类、名称、施工工艺、拼接图案、不同材料的分界线；

（6）标明构造节点详图的索引号；

（7）对需要特殊和详细表达的部位，可单独绘制局部放大立面图，并标明其索引位置；

（8）无特殊装饰要求的立面可不画立面图，但应在施工说明中或相邻立面的图纸上予以说明；

（9）差异小，左右对称的立面可简略，但应在与其对称的立面的图纸上予以说明；中庭或看不到的局部立面，可在相关剖面图上表示，若剖面图未能表示完全时，则需单独绘制；

（10）凡影响室内装饰设计效果的装饰物、家具、陈设品、灯具、电源插座、通信和电视信号插孔、空调控制器、开关、按钮、消火栓等物体，宜在立面图中绘制出其位置及定位尺寸，标明材料种类、产品型号和编号、施工做法等；

（11）绘制墙面和柱面的装饰造型、固定隔断、固定家具、装饰配置、饰品、门窗、栏杆等位置，标注定位尺寸及其他相关尺寸；非固定物如可移动的家具、小件陈设品及小件家电等一般不需绘制；

（12）对需要特殊和详细表达的部位，可单独绘制其局部立面大样，并标明其索引位置。

四、剖面图

施工图中的剖面图主要有表示墙身构造的墙身剖面图和为表达设计意图所需要的各种局部剖面图。应标明平面图、顶棚平面图和立面图中需要表达的部位。剖面图除应满足本教材第十章第三节的要求外，还应做到以下几点：

（1）应能绘制出平面图、顶棚平面图和立面图中未能表达清楚的复杂部位，应标明剖切部位的装饰装修构造的各组成部分的关系或装饰构造与建筑构造之间的关系，标注详细尺寸、标高、材料品种和施工工艺；

（2）根据需要确定表示装饰构造的剖切部位；

（3）标注所需的构造节点详图的索引号。

五、详图

施工图中的详图绘制应满足下列要求：

（1）凡在平、顶、立、剖面图或文字说明中对物体的细部形态无法交代或需要更加清晰表达的部位可单独抽取出来绘制大比例图样，大样图要能反映更详细的内容；

（2）标明物体的细部、构件或配件的形状、大小、材料品种及技术要求，标注尺寸和施工工艺；

（3）标注详图名称和制图比例。

六、节点图

节点图应剖切在需要详细说明的部位并绘制大比例图样。施工图中节点详图的绘制应满足下列要求：

（1）标明节点处的构造形式，绘制原有结构形态、基层材料、支撑和连接材料及构件、配件之间的相互关系，标明基层、面层装饰材料的种类，标注所有材料、构件、配件等构件和材料的详细尺寸、产品型号和施工工艺；

（2）标明基层与面层装饰材料之间的连接方式、连接材料的种类及连接构件等，标注面层装饰材料的收口、封边的尺寸和施工工艺；

（3）标注基层和面层装饰材料的种类，详细尺寸和做法；

（4）标明装饰面上的设备和设施的安装方式及固定方法，确定收口和收边方式，并标注其详细尺寸和做法；

（5）标注索引符号和编号、节点图名称和制图比例。

七、主要装饰材料表

主要装饰材料表的内容一般应有材料名称及规格，或根据合同要求提供相应内容。

习题： 1. 施工图中的总平面图应反映哪些内容？

2. 施工图中的平面定位图有什么作用？

3. 什么情况下需要绘制大样图？

4. 施工图中的剖面图应标注哪些尺寸？

第十三章　装饰工程制图实例

前两章主要介绍装饰工程制图的基本知识和制图内容，这对于正确阅读装饰工程图纸是一个基础。在此基础上，本章试图通过集中列举工程实例图，来帮助读者进一步提高对装饰工程图纸的识读能力。

本章介绍的装饰工程施工图实例，可以使读者对装饰工程图纸有更直观的了解，对于学习装饰制图有很好的参考价值。读者在阅读这些施工图图例时，应紧密联系前三章中所学习的制图知识。

第一节　公共空间装饰设计实例

一、装饰设计平、立、剖面图的综合识读

装饰设计的平面图、立面图、剖面图是装饰工程图最基本的图样，三种图之间既有区别，又紧密联系。平面图是表达室内空间在水平方向的物体尺寸和位置，但不表达它们的高度；立面图是表达室内空间中垂直面的长、宽、高尺寸，但不表达空间的组合关系；剖面图是表达剖切位置正投形方向上的被剖切到和未剖切到但看到的物体。因此，只有通过平、立、剖三种图相互配合才能完整地表达装饰空间内部的状况。

本节以海南某温泉度假酒店的公共空间装饰设计案例为例，介绍平、立、剖面图综合识读的方法。

1. 查看图样的名称、比例及有关说明，如图 13-1～图 13-36 为海南某温泉度假酒店大堂室内装饰设计方案。

2. 根据平、立、剖面图对建筑室内空间先有个概括的了解。如图 13-6、图 13-18 所示，该空间为两层共享的坡屋顶空间，长 18.8m，宽 23.25m，最高处净高 8.48m。

3. 从平面图了解所有房间的划分、功能用途，电梯、楼梯位置，走道、门厅的布置，门窗洞口的位置、宽度等，见图 13-6。

4. 从立面图了解室内空间垂直界面的装修造型及做法、陈设品及装饰物的样式、门窗高度，以及顶面和地面的主要部位标高；从剖立面图了解室内空间垂直方向的装饰情况、建筑内外的高度关系和被剖切部位的装饰构造。读图时先从一层平面图中查看立面符号，明确立面的投视方向，再对应立面图（或剖立面图）进行识读，该空间为两层共享的坡屋顶空间，装饰完成后吊顶最低点距地面净距离 7m，剖切到的屋面坡最高点距地面 7.8m，门厅与门厅上空、二层休息空间为联通空间。该空间垂直界面的构造为大面积石材干挂，局部木饰面造型，见图 13-17～图 13-23。

5. 从剖面图了解室内界面装修构造的做法，读图时先从平面图、顶棚平面图、立面图中查看剖切符号，明确剖切位置和剖视方向，再对应剖面图进行识读。如图 13-17（图号 IE-01A-01）中的剖切符号的编号为 01，对应的剖面图可以在图 13-24（图号 SC-01A-01）中找到，其图名为 01；相应地，如果看到一个剖面图的图名编号为 01，即可在图号为 IE-01A-01 的图纸上找到该剖面图的被剖切位置。

6. 从详图了解室内装饰设计物象的细部形态情况，见图 13-28。

7. 从节点图中可以了解剖面图、大样图等未能表达清晰的图样。如图 13-29 中的节点图 2 和节点图 3，表述的是本张图纸中的大样图 1 的两个局部构造的做法。

二、海南某温泉度假酒店的公共空间装饰设计案例

图 13-1 温泉楼接待大厅

图 13-2 温泉楼收银大厅

图 纸 目 录

序号	图 纸 名 称	图 号	图幅	备 注
	封面			
01	图纸目录	ML-01	A3	
02	材料表	CL-01	A4	
—	施工说明	—	—	施工说明未作范例
	一层			
	总平面图			
03	A区放大平面图	FF-01	A4	
04	一层A区平面图	FF-01A	A4	
05	一层A区顶棚平面图	RC-01A	A4	
06	一层A区顶棚装饰灯具布置图	RC-01A-01	A4	
07	一层A区墙体定位图	AR-01A	A4	
08	一层A区地面铺装图	FC-01A	A4	
09	一层A区立面索引图	ID-01A	A4	
	二层			
	A区放大平面图			
10	二层A区平面图	FF-02A	A4	
11	二层A区顶棚平面图	RC-02A	A4	
12	二层A区顶棚装饰灯具布置图	RC-02A-01	A4	
13	二层A区墙体定位图	AR-02A	A4	
14	二层A区地面铺装图	FC-02A	A4	
	A区立面图			
15	一层A区01立面图	IE-01A-01	A4	
16	一层A区02立面图	IE-01A-02	A4	

序号	图 纸 名 称	图 号	图幅	备 注
17	一层A区03立面图	IE-01A-03	A4	
18	一层A区04立面图	IE-01A-04	A4	
19	一层A区05立面图	IE-01A-05	A4	
20	一层A区06立面图	IE-01A-06	A4	
21	一层A区07立面图	IE-01A-07	A4	
	A区剖面图			
22	一层A区剖面图	SC-01A-01	A4	
23	一层A区剖面图	SC-01A-02	A4	
24	一层A区剖面图	SC-01A-03	A4	
25	一层A区剖面图	SC-01A-04	A4	
	A区大样图			
26	一层A区大样图	LS-01A-01	A4	
27	一层A区大样图	LS-01A-02	A4	
28	一层A区大样图	LS-01A-03	A4	
29	一层A区大样图	LS-01A-04	A4	
30	一层A区大样图	LS-01A-05	A4	
31	一层A区大样图	LS-01A-06	A4	
32	一层A区大样图	LS-01A-07	A4	
33	一层A区大样图	LS-01A-08	A4	
34	一层A区大样图	LS-01A-09	A4	

设计单位　深圳市晶宫设计装饰工程有限公司　　设计负责人　　总工　　审核－日期　　校对－日期　　审定－日期　　设计　　制图　　比例　一　　日期 2010.08　专业　装饰　阶段　施工图

工程名称　某温泉度假酒店　　建设单位　　备注　　图纸名称　图纸目录　　编辑版本

图号 ML-01　序号 01　第 1 张

图 13-3

主 要 材 料 表

类别	NO	编号	使 用 位 置	材 料 名 称	备 注
涂料	01	PT-01	墙面及天花	白色乳胶漆	
	02	PT-01*	湿区墙面及天花	白色防潮乳胶漆	
	03	PT-02	墙面（公共区）	艺术涂料	
石材	01	ST-01	大堂地面（主材）	镜面米黄洞石石材	
	02	ST-02	大堂地面	镜面银线米黄石材	
	03	ST-03	大堂地面	镜面金线米黄石材	
	04	ST-04	公共区墙面	米黄洞石石材（镜面/机刨面）	
	05	ST-05	公共区墙面	剁斧面米黄石材	
	06	ST-06	大堂服务台主背景	砂岩石材	
	07	ST-07	大堂服务台	深色镜面热带雨林石材	
	08	ST-08	大堂服务台	砂岩石材（雕花/平板）	
	09	ST-09	一层大堂公共卫生间地面	镜面银线米黄石材	
	10	ST-10	二层服务中心地面	800×800镜面银线米黄石材	
	11	ST-11	二层走廊地面	400×800镜面银线米黄石材	
瓷砖	01	CT-01	后勤区地面	600×600地砖	
木材	01	WD-01	公共区天花及墙面	橡木饰面	
	02	WD-02	门	橡木饰面	
	03	WD-03	二层楼梯前厅	橡木实木地板	
玻璃	01	GL-01	大堂造型墙面	雕刻玻璃	
	02	GL-02	门	8MM厚钢化清玻璃	
	03	GL-03	大堂服务台	10MM厚钢化清玻璃	
金属材料	01	MT-01	公共区墙面及天花	木纹铝合金方通	
	02	MT-02	大堂服务台	黑色镜面不锈钢	
墙纸	01	MT-03	大堂天花	编织壁纸	

设计单位　深圳市晶睿设计装饰工程有限公司

工程名称　某温泉度假酒店

总工	设计负责人	审核－日期	审定－日期	校对－日期	设 计	制 图	比例 －	日期 2010.08	专业 装饰	阶段 施工图
建设单位				备注			图纸名称 材料表		编辑版本	
							图纸名 GL-01	序号 02		第 2 张

图 13-4

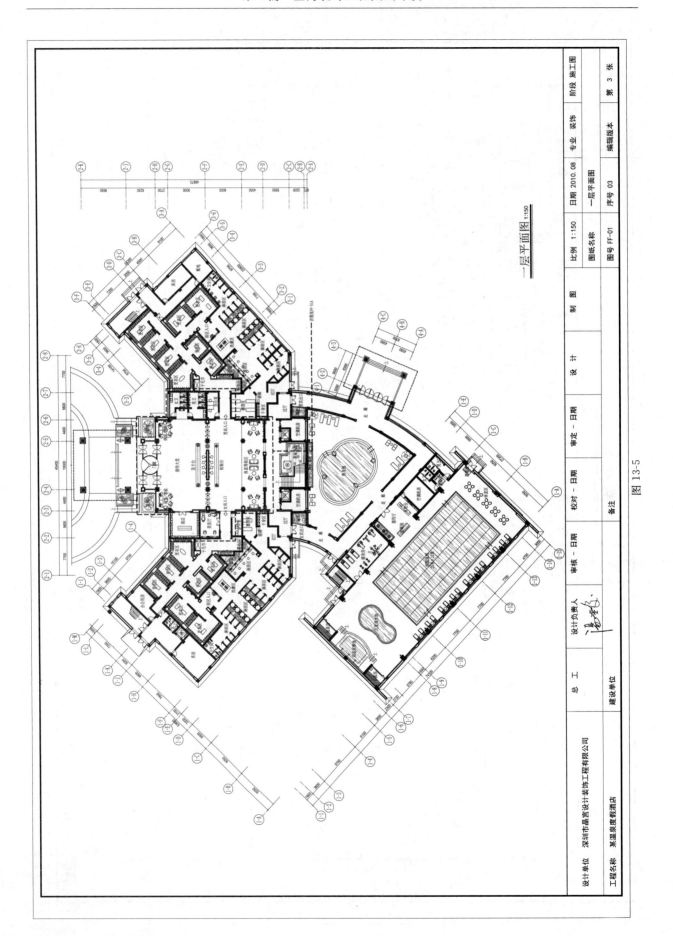

一层平面图 1:150

图 13-5

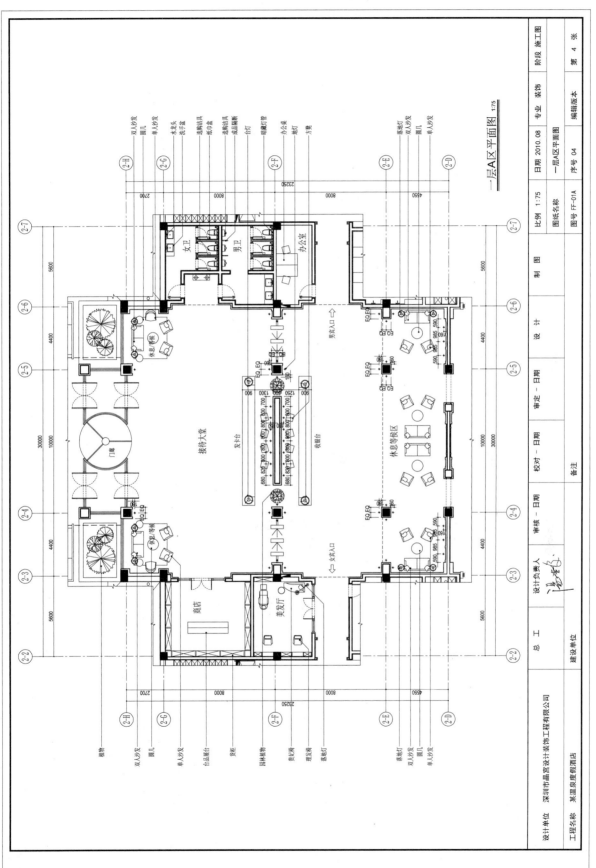

图 13-6

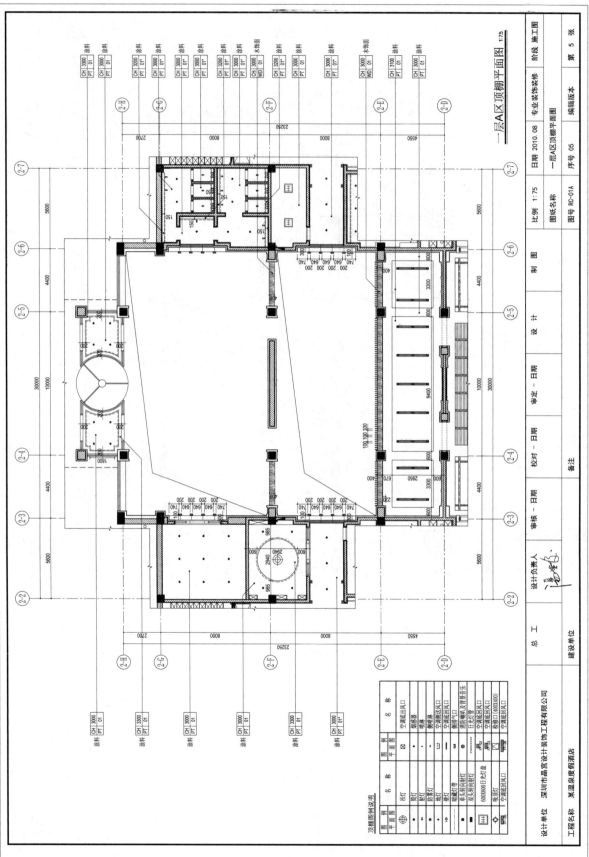

图 13-7

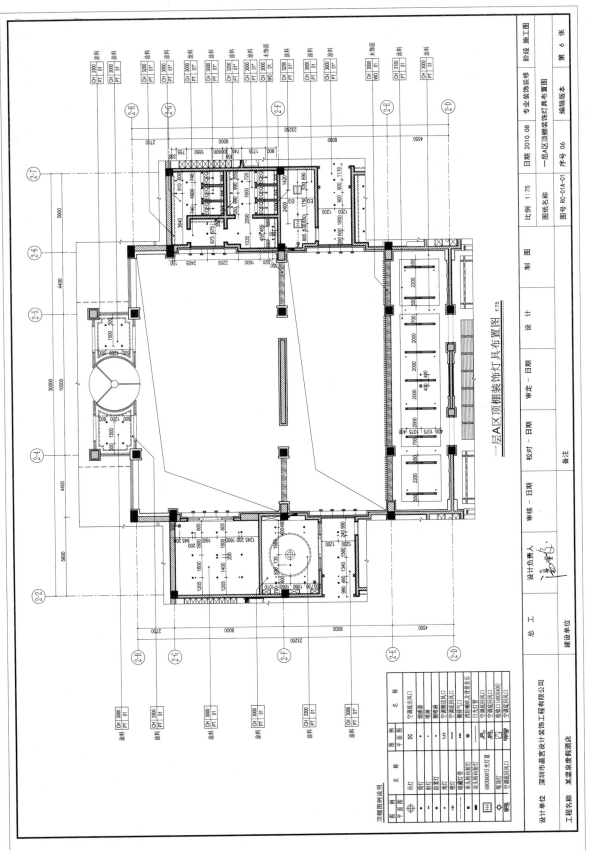

一层A区顶棚装饰灯具布置图 1:75

图 13-8

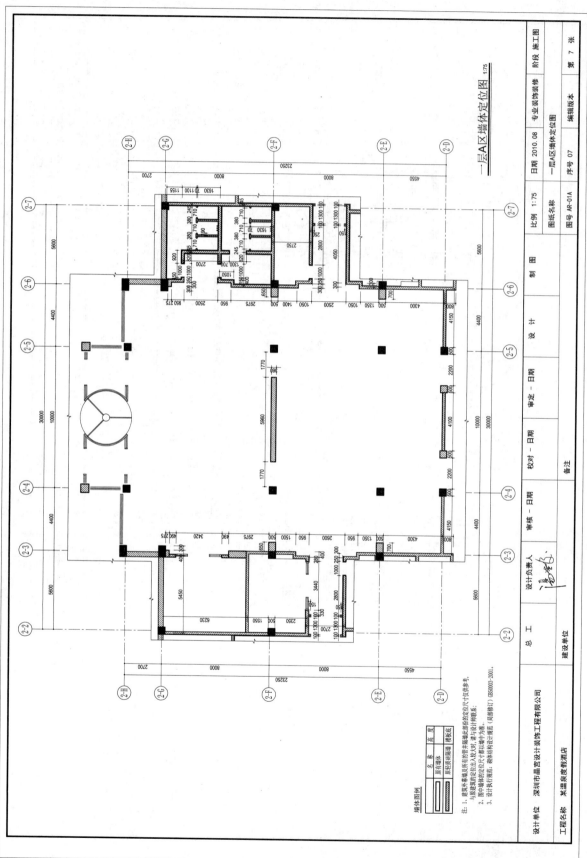

图 13-9

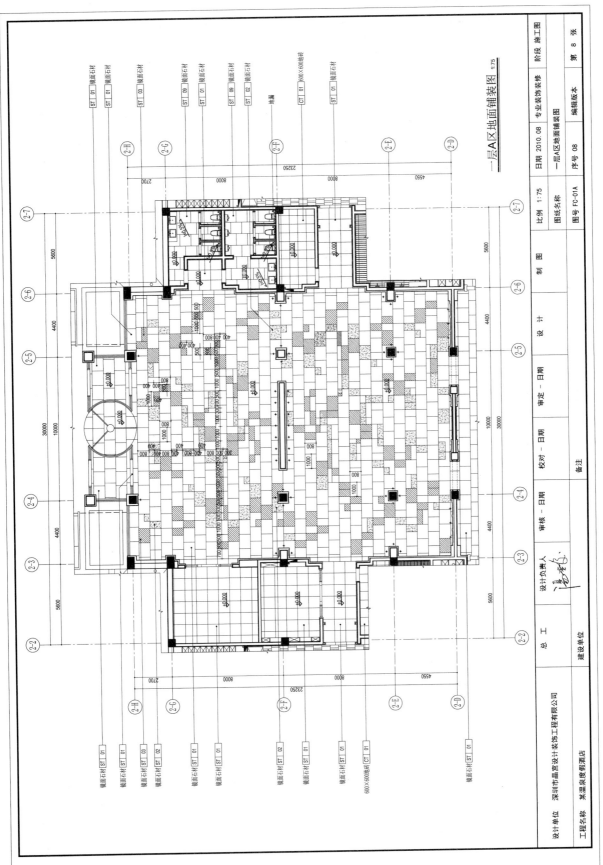

图 13-10

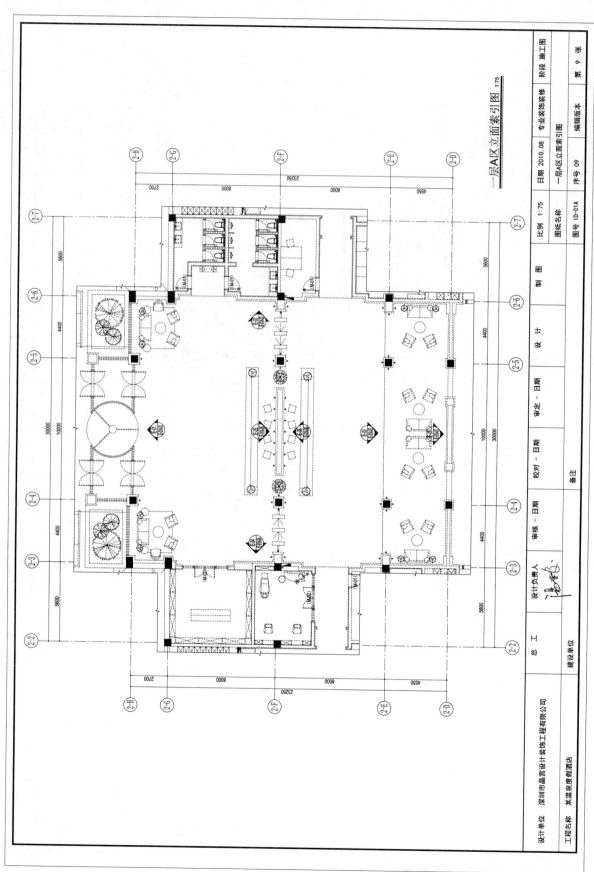

一层A区立面索引图 1:75

设计单位	深圳市晶宫设计装饰工程有限公司		比例 1:75	日期 2010.08	专业装饰装修	阶段 施工图
工程名称	某温泉度假酒店	建设单位	图纸名称		一层A区立面索引图	第 9 张
			图号 ID-01A		序号 09	编辑版本

图 13-11

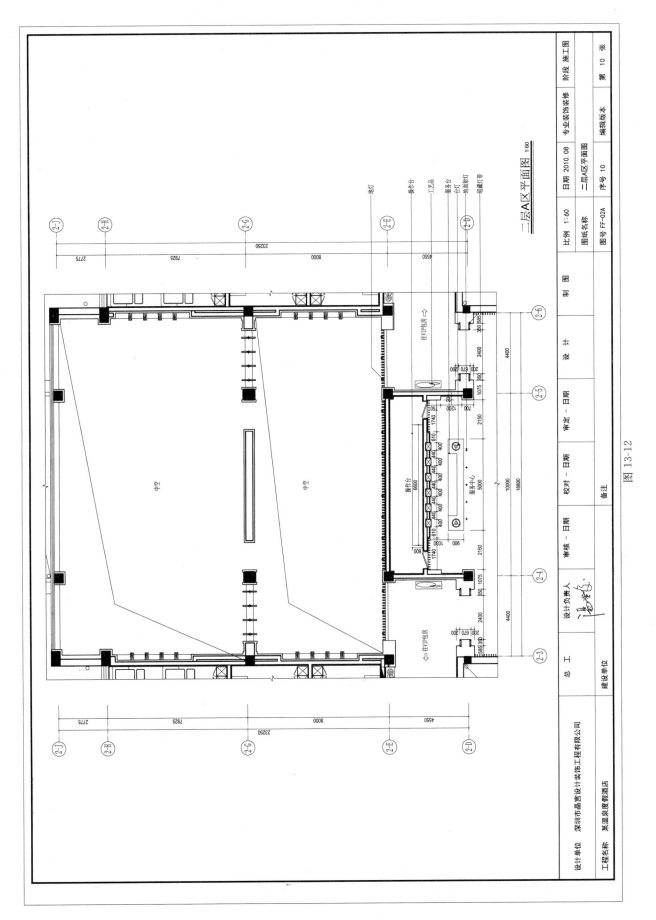

图 13-12

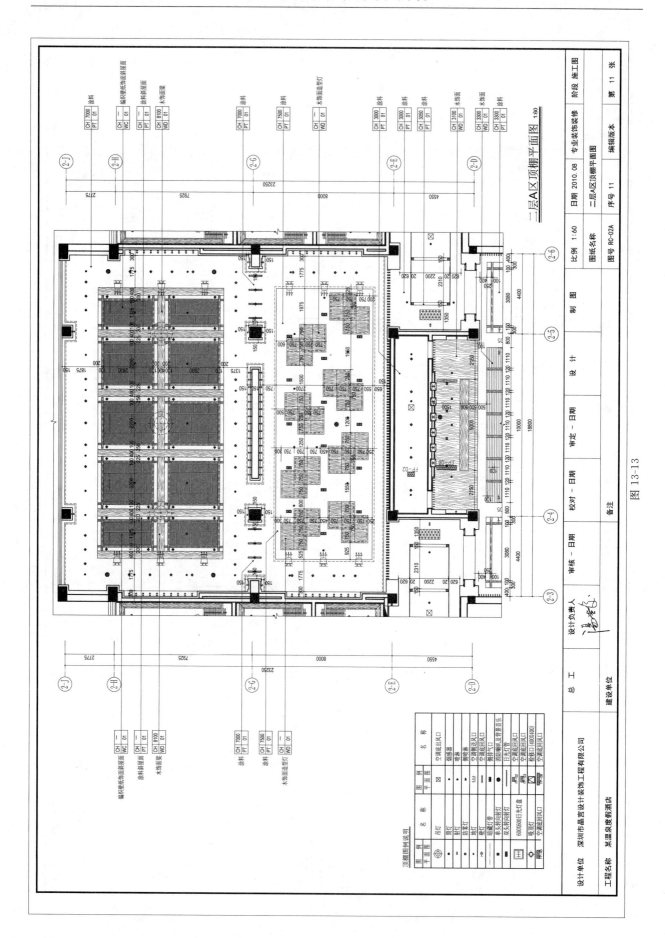

图 13-13

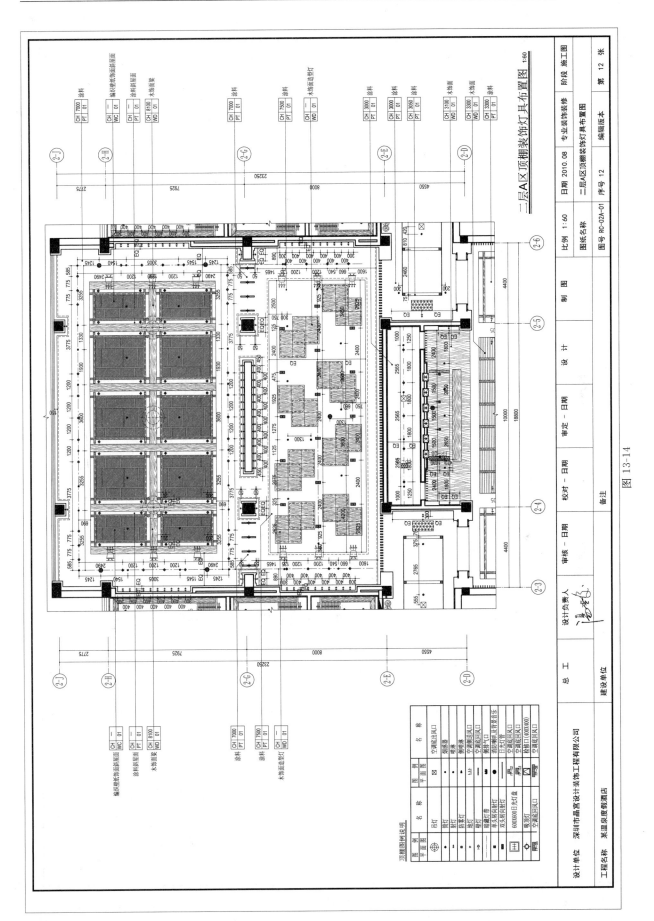

图 13-14

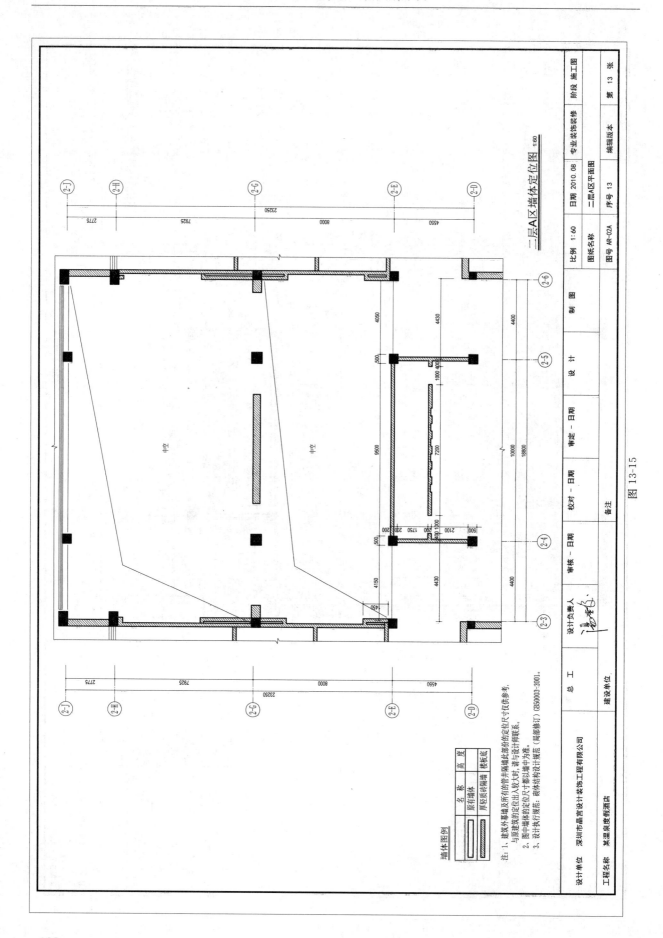

图 13-15

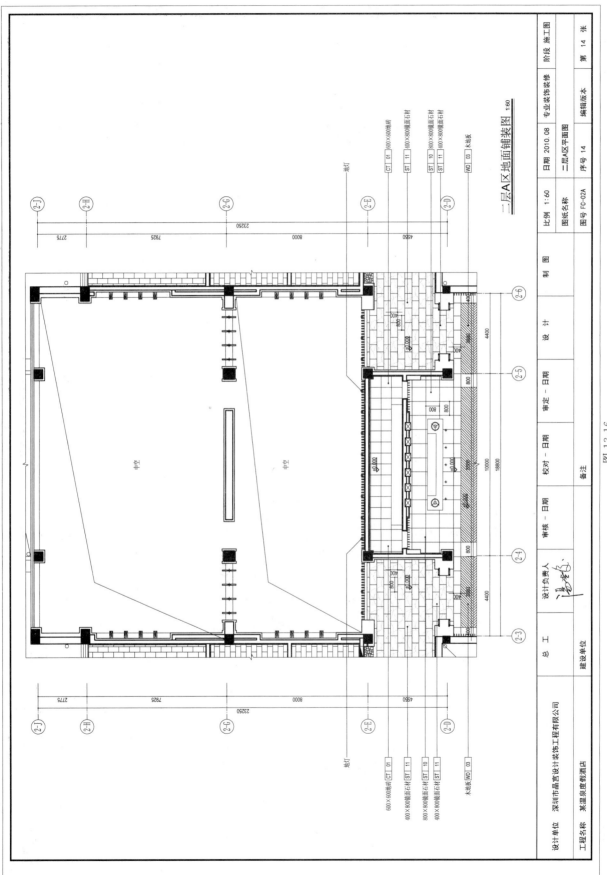

图 13-16

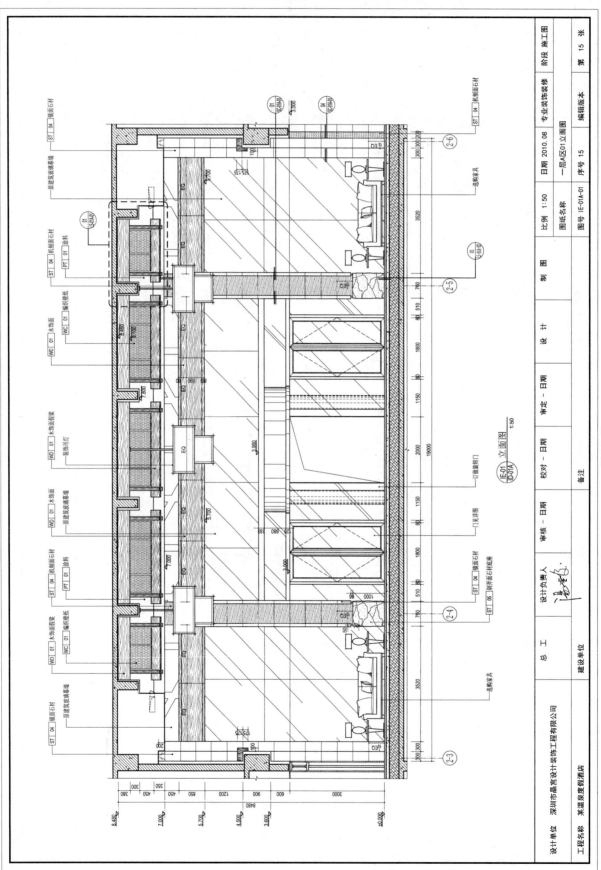

图 13-17

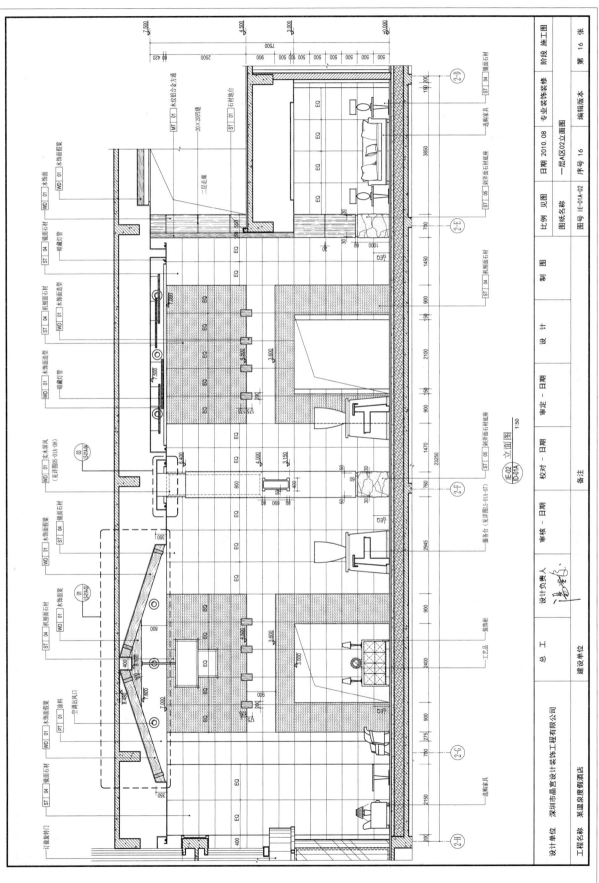

图 13-18

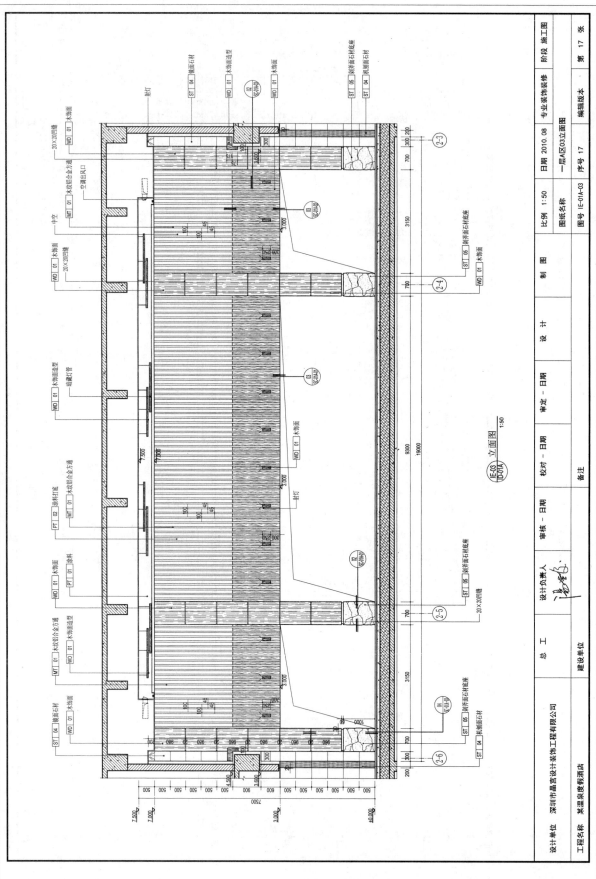

图 13-19

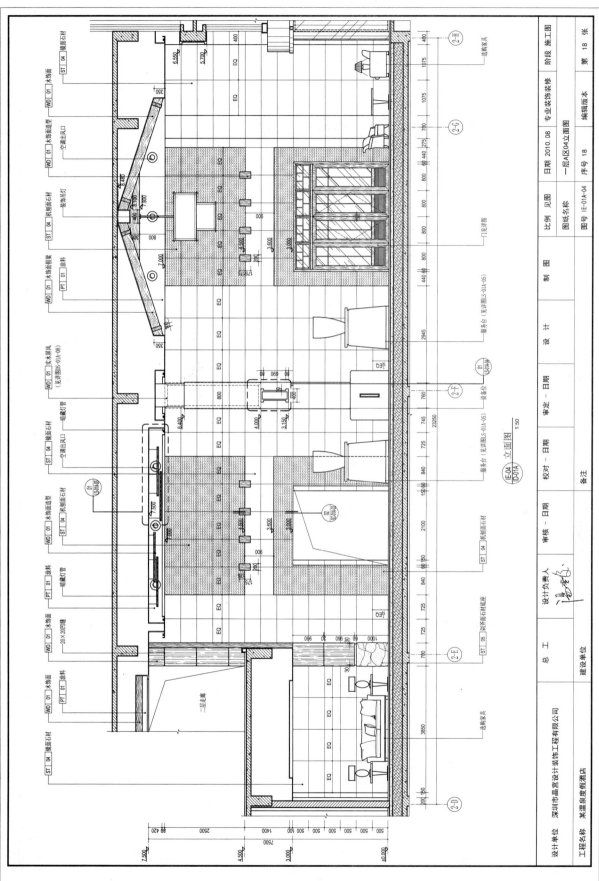

图 13-20

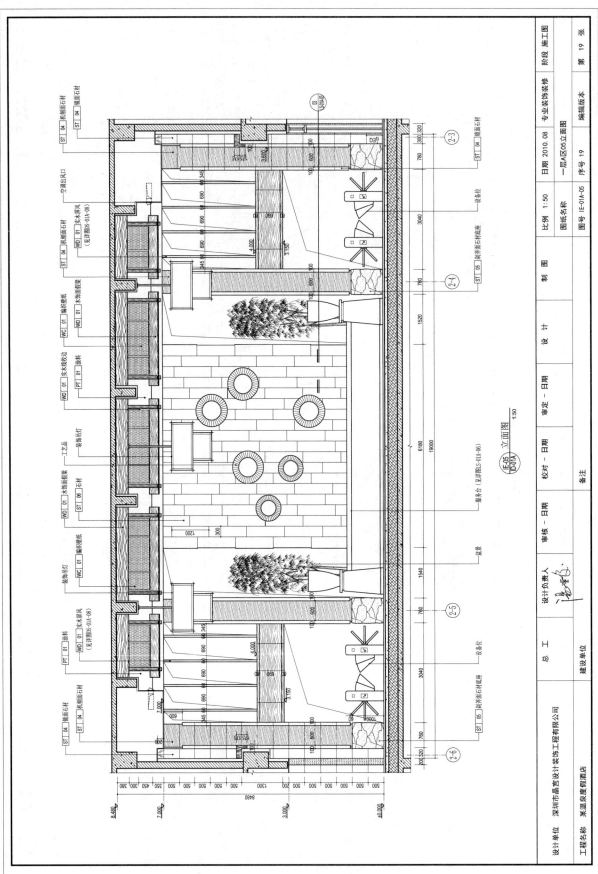

图 13-21

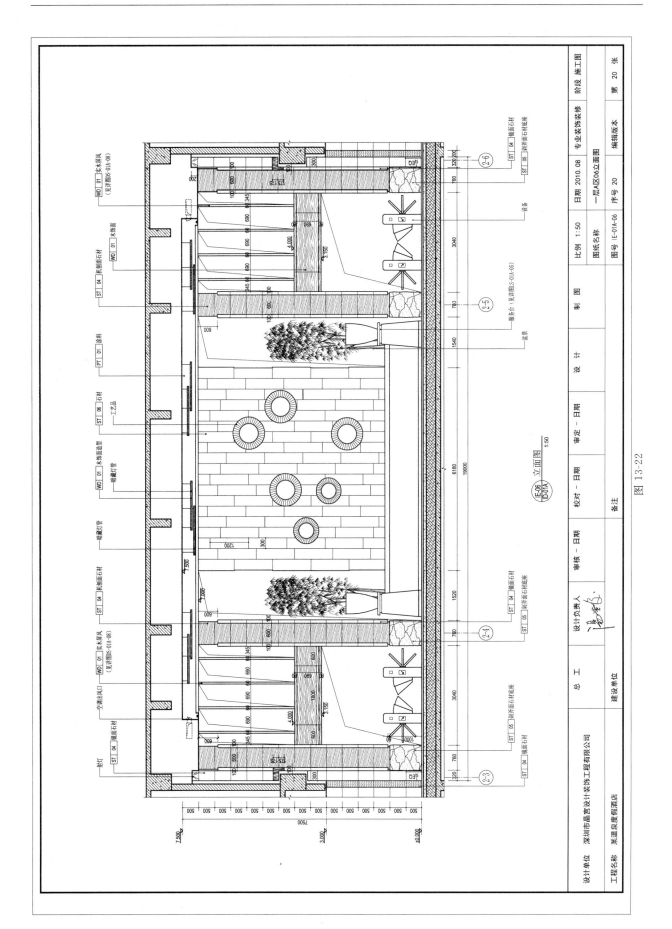

图 13-22

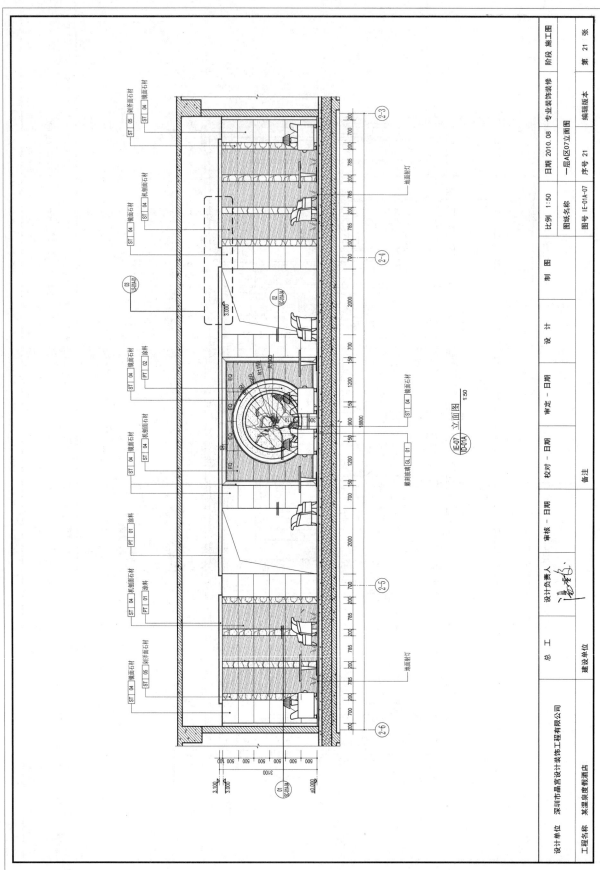

图 13-23

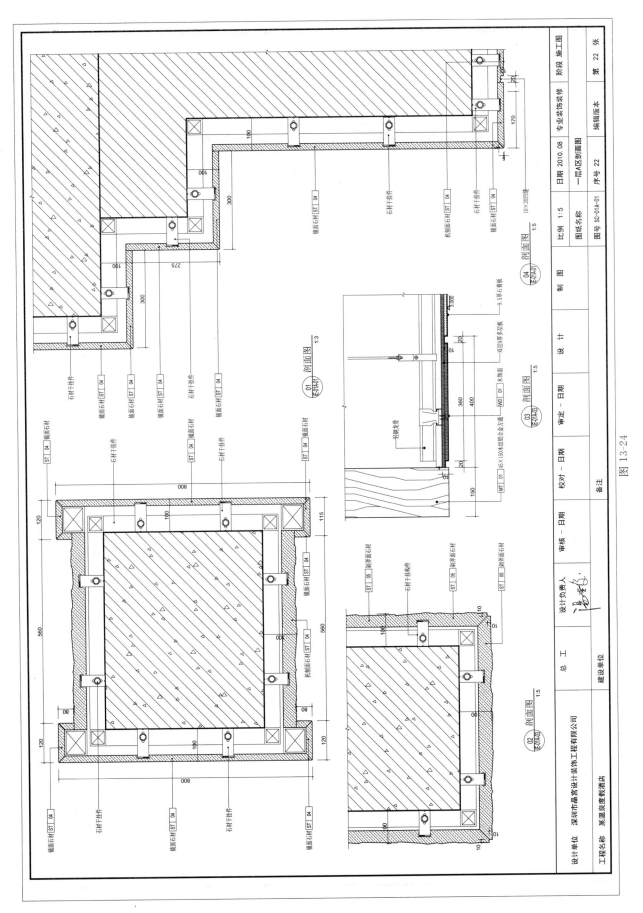

图 13-24

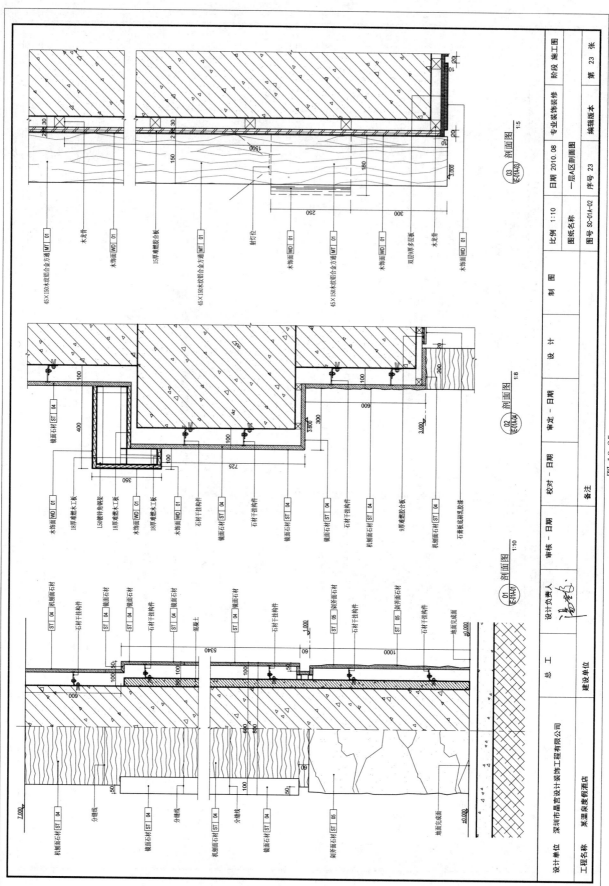

图 13-25

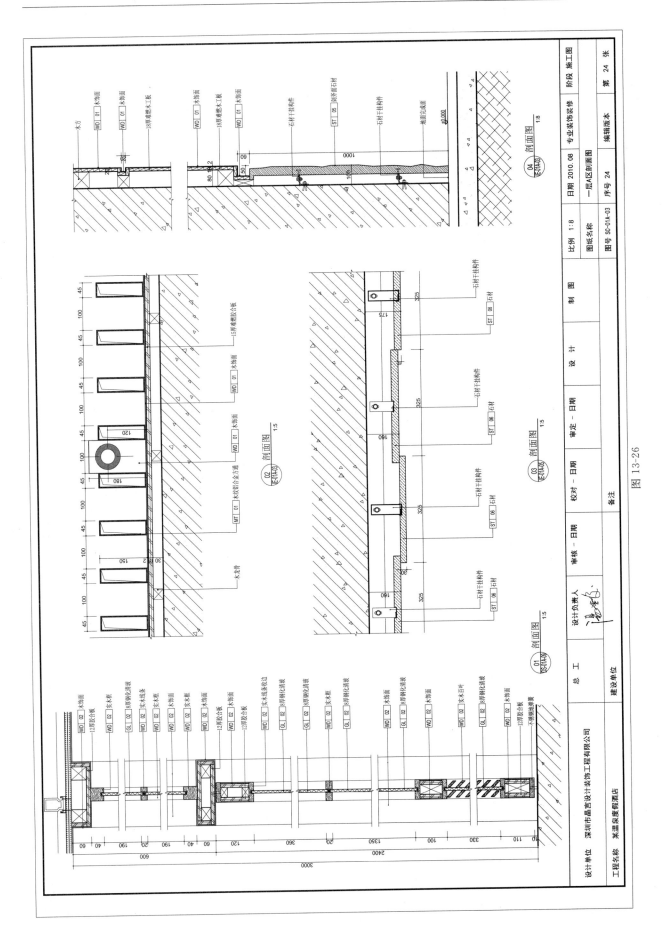

图 13-26

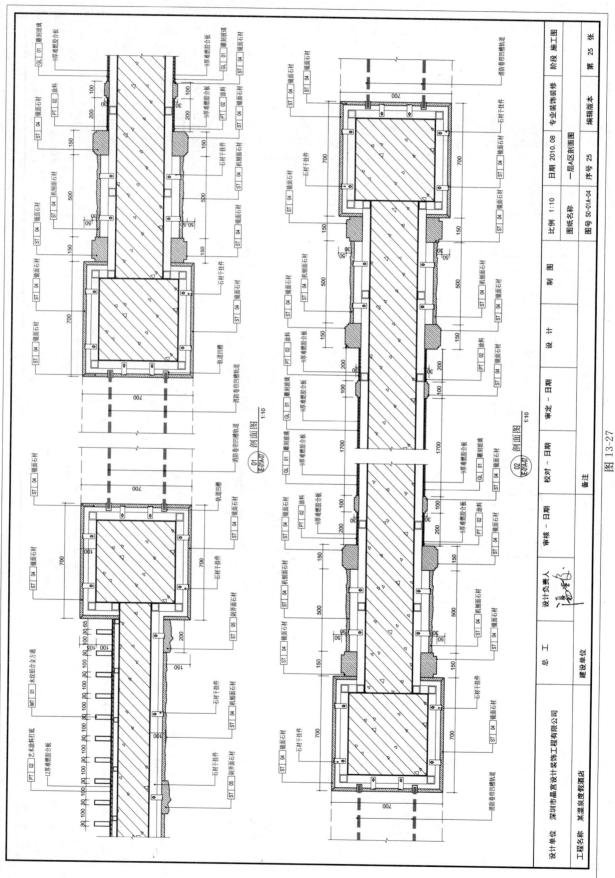

图 13-27

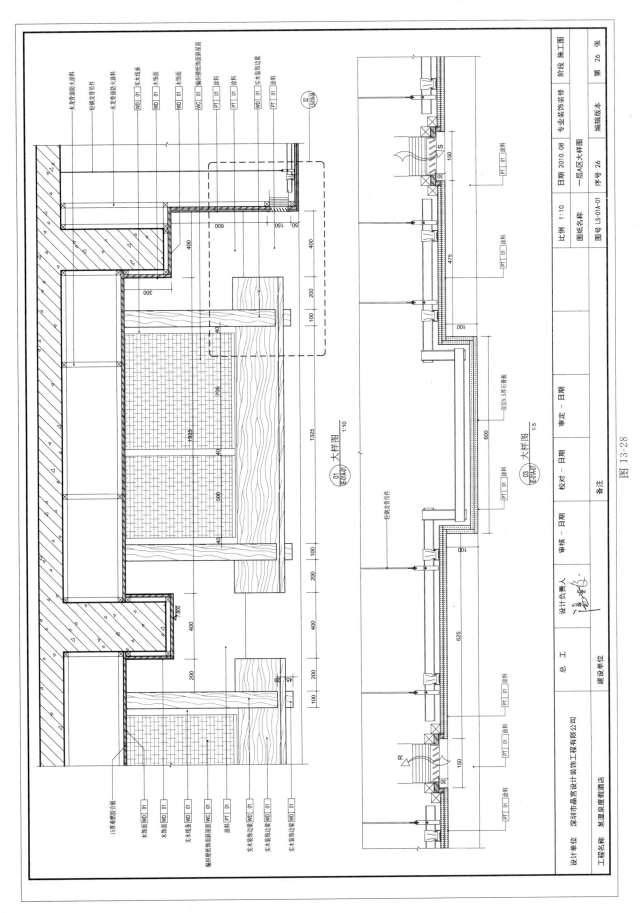

图 13-28

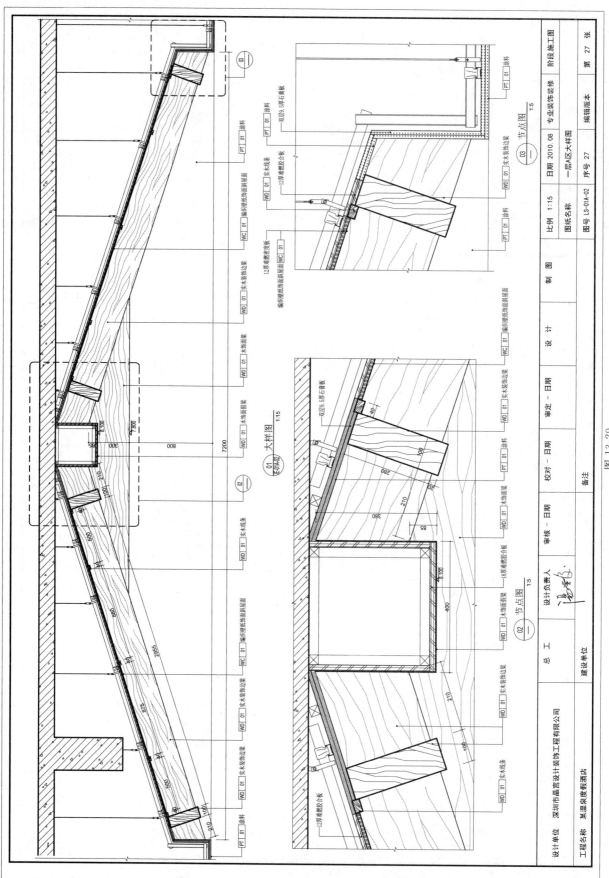

图 13-29

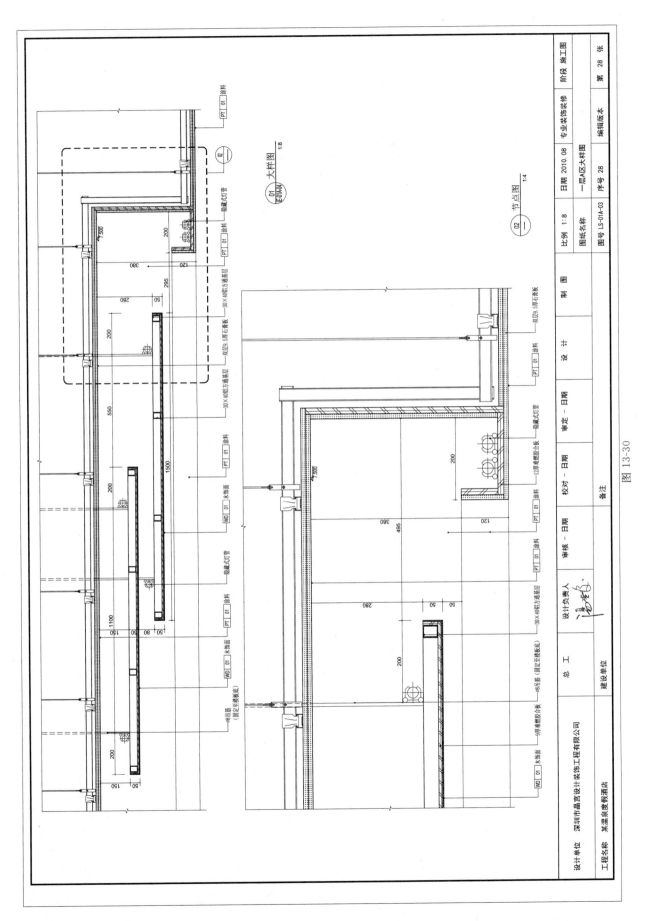

图 13-30

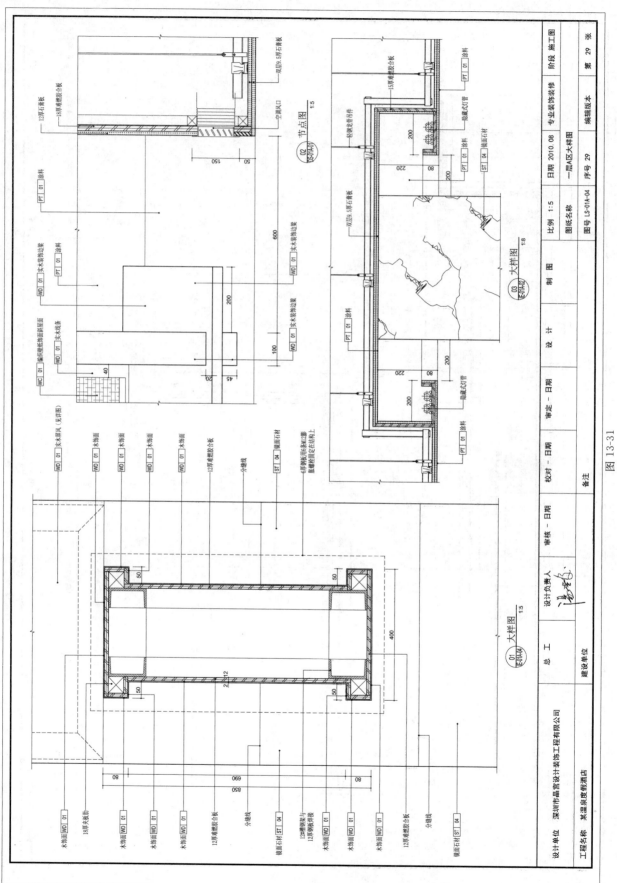

图 13-31

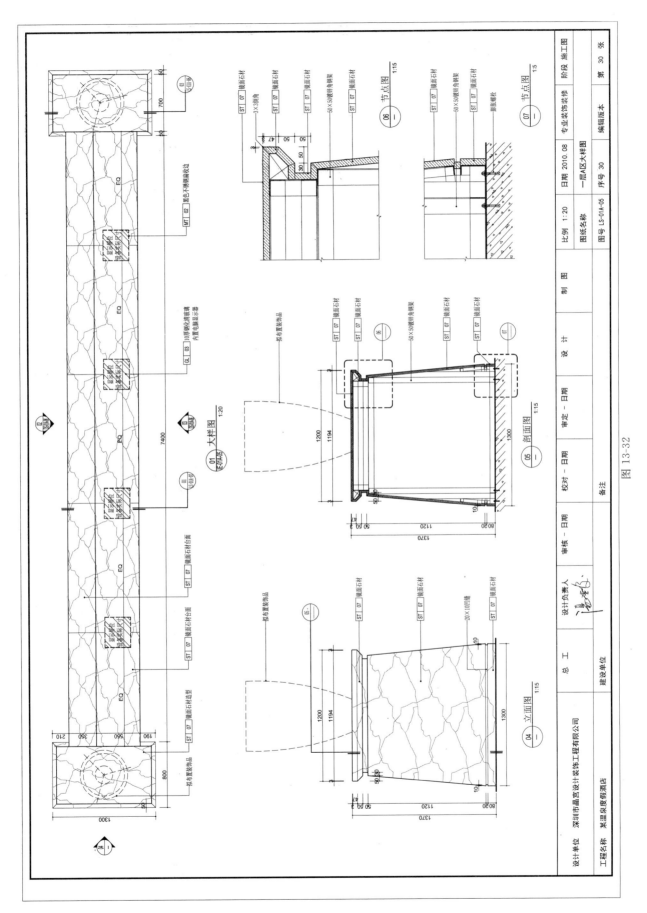

图 13-32

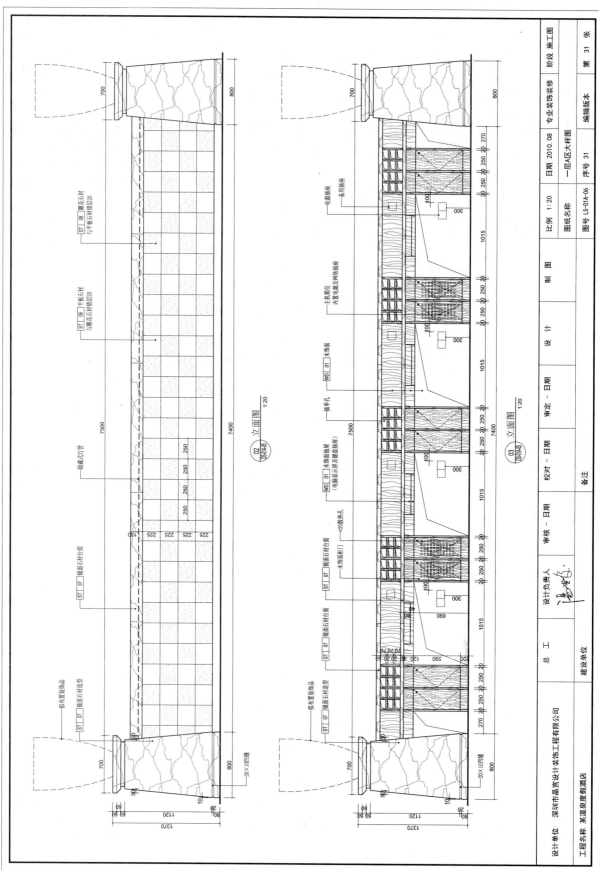

图 13-33

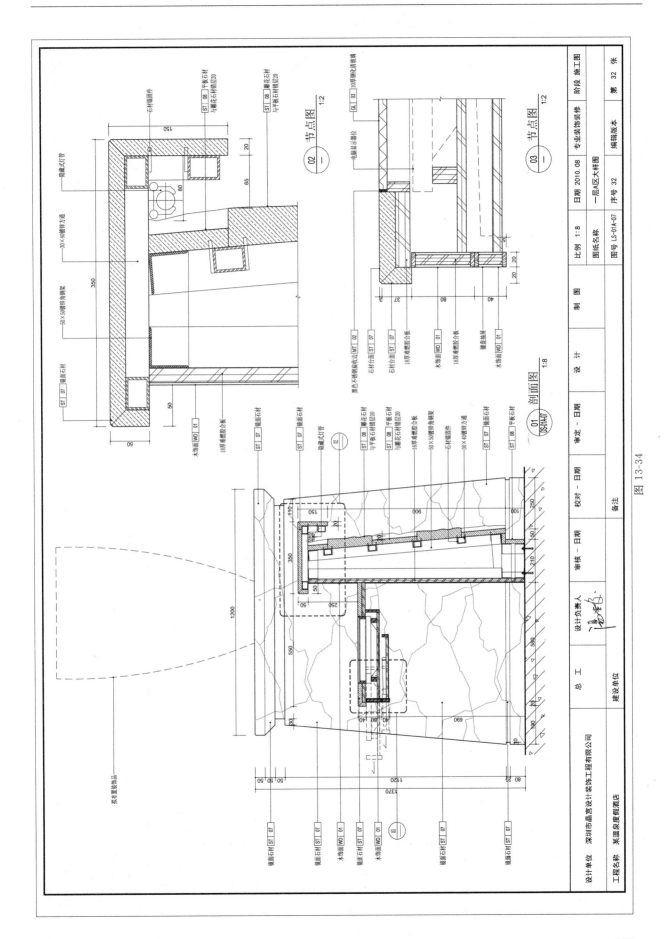

图 13-34

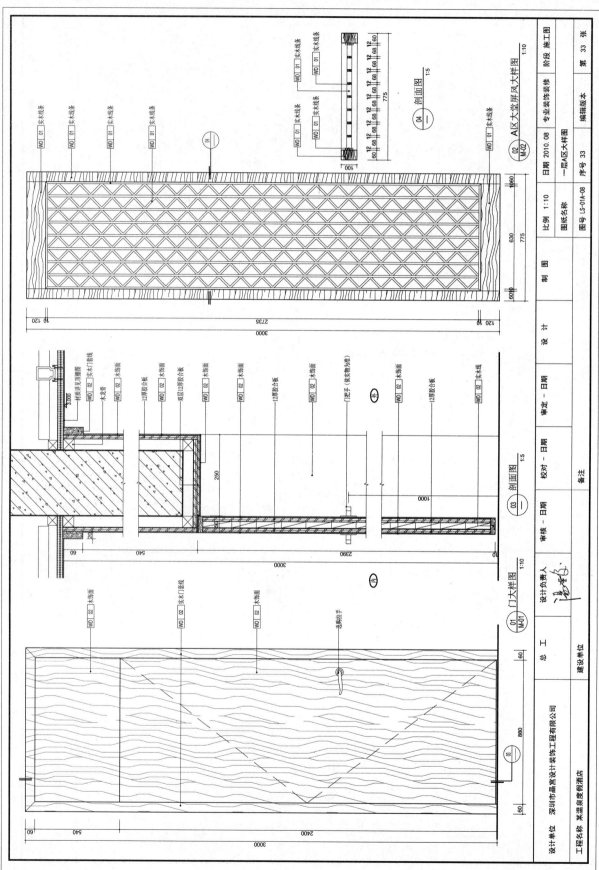

图 13-35

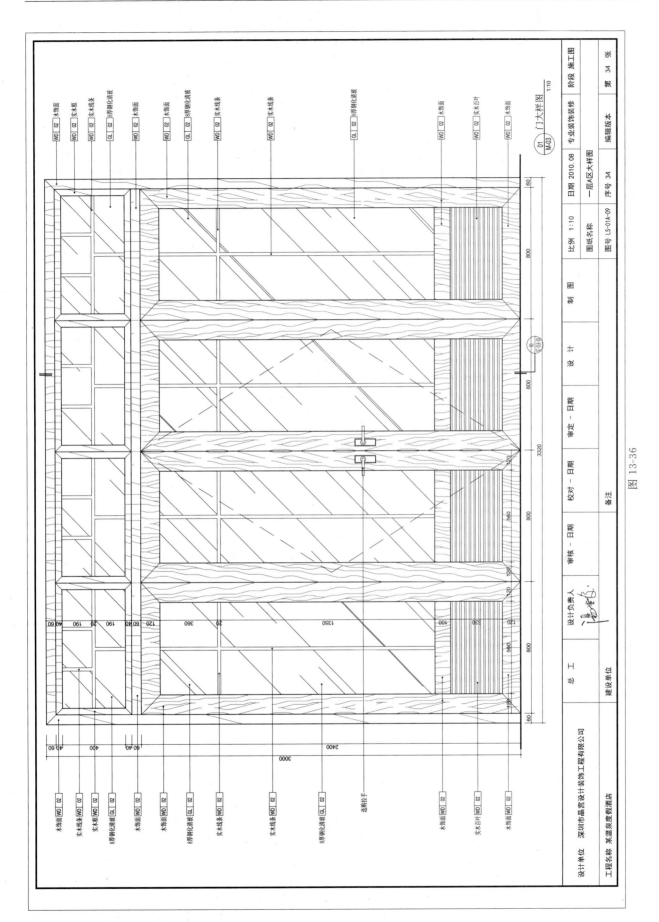

图 13-36

第二节　家庭装饰设计实例

本节以某住宅室内装饰设计案例为例，介绍平、立、剖面图综合识读的方法。

1. 从鸟瞰透视图中更直观地了解一、二层室内空间关系、交通流线、家具陈设的位置，各空间、各界面及各种物体的尺寸，如图13-37、图13-38所示。

2. 查看图样的名称、比例及有关说明，如图13-37～图13-63为某住宅室内装饰设计方案。

3. 根据平、立、剖面图对建筑室内空间先有个概括的了解。如图13-40、图13-43所示，该空间有上下两层，通过楼梯连接上下两层空间。

4. 从平面图了解所有房间的划分、功能关系，电梯、楼梯位置，走道、门厅的布置，门窗洞口的位置、宽度等，见图13-40和图13-43。

5. 从立面图了解室内空间垂直界面的装修造型及做法，陈设品及装饰物的样式，门窗高度，以及顶棚平面和地面的主要部位标高；从剖立面图了解室内空间垂直方向的装饰情况、建筑内外的高度关系和被剖切部位的装饰构造。读图时先从平面索引图中查看立面符号，明确立面的投视方向，再对应立面图（或剖立面图）进行识读，见图13-47～图13-59。

6. 从剖面图了解室内界面装修构造的做法，读图时先从平面图、顶棚平面图、立面图中查看剖切符号，明确剖切位置和剖视方向，再对应剖面图进行识读，如图13-61中第7、8号表述的是一层进门玄关的样式、尺寸及构造做法。

7. 从详图了解室内装饰设计的物象的细部形态的情况，如图13-63表述的是一层楼梯的平、立、剖面的样式、尺寸及构造做法。

8. 从节点图中可以了解剖面图、大样图等未能表达清晰的图样，如图13-62中的节点图1表述的是本张图纸中的门1-1横剖面的门套构造做法。

图 13-37　一层鸟瞰图

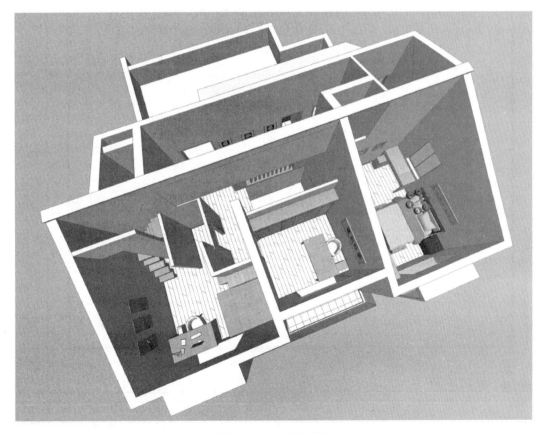

图 13-38　二层鸟瞰图

室内设计—图纸目录　第 1 页

日期：
工程名称：某住宅室内装饰设计

序号内容	图号	图纸内容	尺码
001	PL-1.1	一层平面布置图	A2
002	RC-1.1	一层顶面布置图	A2
003	AL-1.1	一层地面铺装图	A3
004	PL-2.1	二层平面布置图	A3
005	RC-2.1	二层顶面布置图	A3
006	AL-2.1	二层地面铺装图	A3
007	PL-3.1	三层阁楼平面布置图	A3
008	EL-1.1	一层客厅立面图	A3
009	EL-1.2	一层餐厅玄关立面图	A3
010	EL-1.3	一层健身房立面图	A3
011	EL-1.4	一层书房立面图	A3
012	EL-1.5	一层厨房立面图	A3
013	EL-1.6	一层卫生间立面图	A3
014	EL-1.7	一层过道立面图	A3
015	EL-2.1	二层主卧室立面图	A3
016	EL-2.2	二层书房立面图	A3
017	EL-2.3	二层次卧室立面图	A3
018	EL-2.4	二层衣帽间立面图	A3
019	EL-2.5	二层客卫立面图	A3
020	EL-2.6	二层过道立面图	A3

室内设计—图纸目录　第 2 页

日期：
工程名称：某住宅室内装饰设计

序号内容	图号	图纸内容	尺码
021	DT-1.1	节点大样	A3
022	DT-1.2	柜子详图	A3
023	DT-1.3	门详图	A3
024	DT-1.4	实木楼梯详图	A2
025			A2
026			A2
027			A2
028			A3
029			A3
030			A3
031			A3
032			A3
033			A3
034			A3
035			A3
036			A3
037			A3
038			A3
039			A3
040			A3

设计单位	高祥生装饰设计工作室	项目负责	设计	审核	制图	校对	备注
项目名称	某住宅室内装饰设计			王罗		谷你气	
		图纸名称	图纸比例	日期		图号	

图 13-39

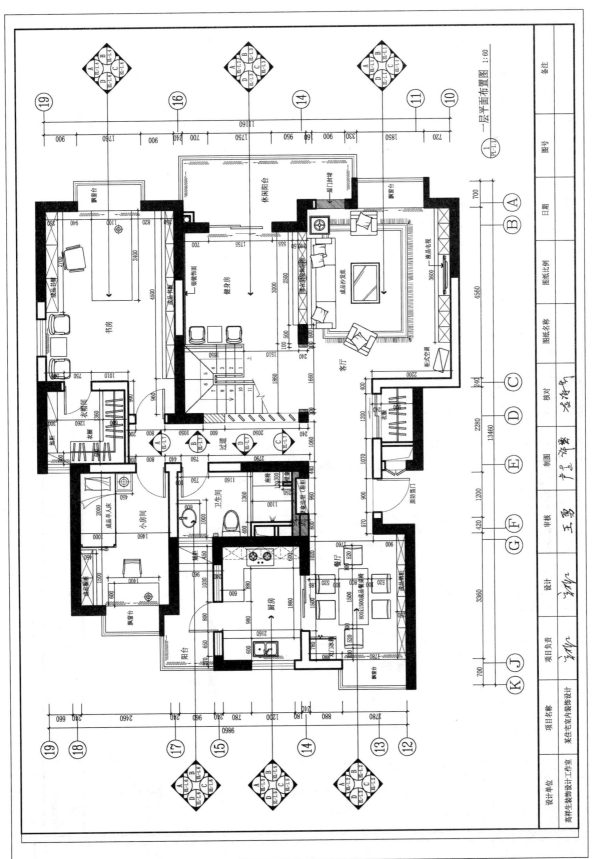

一层平面布置图 1:60

图 13-40

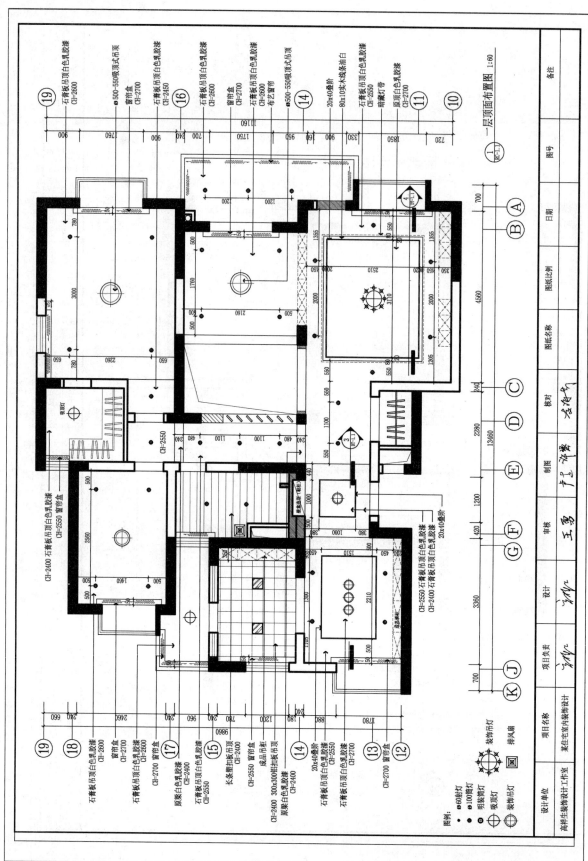

图 13-41

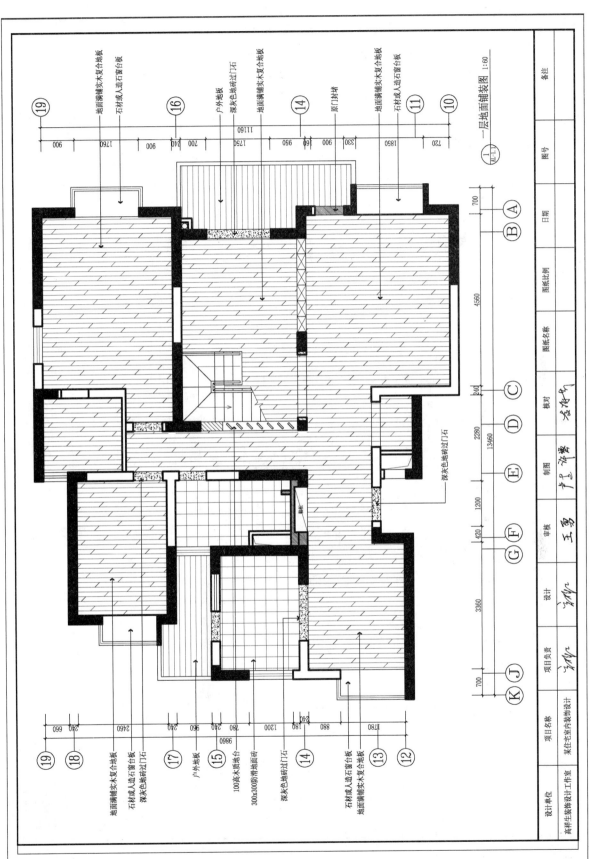

图 13-42

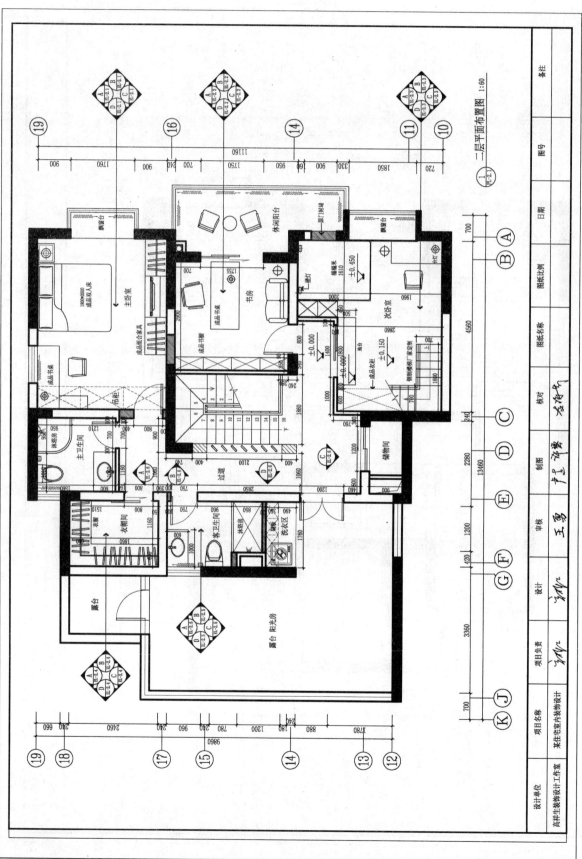

图 13-43

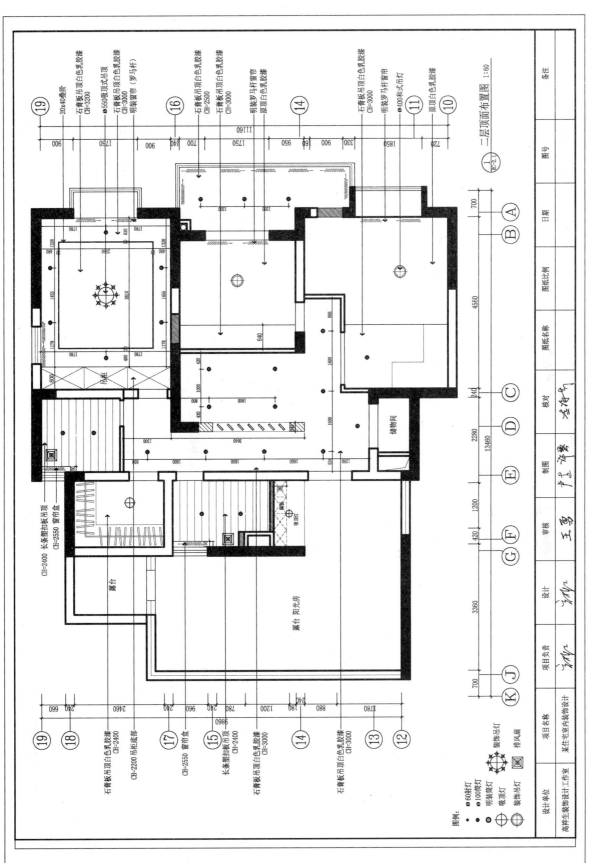

图 13-44

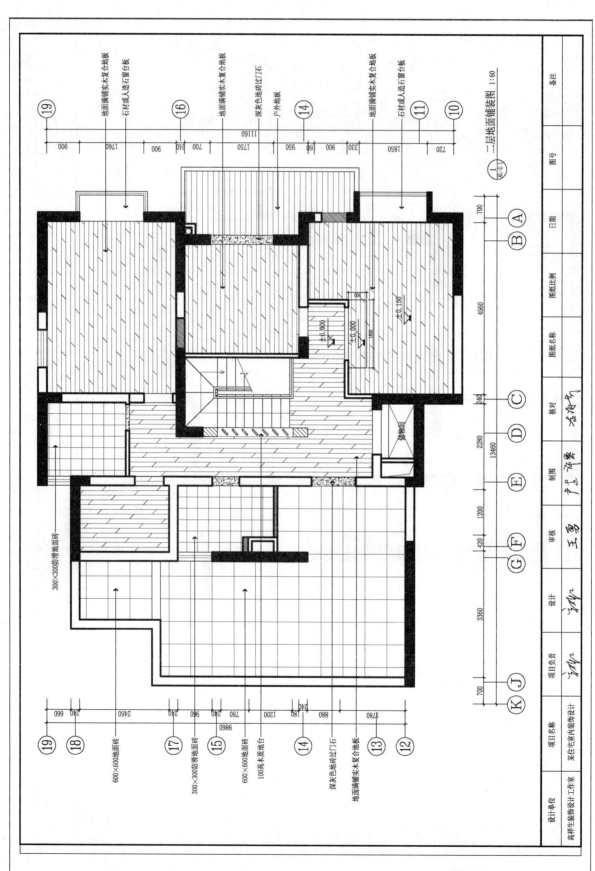

图 13-45

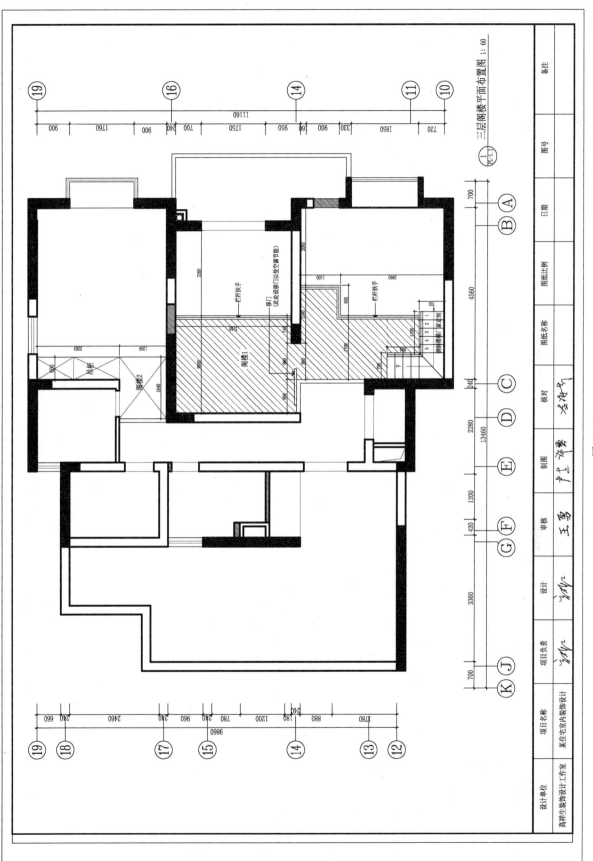

图 13-46

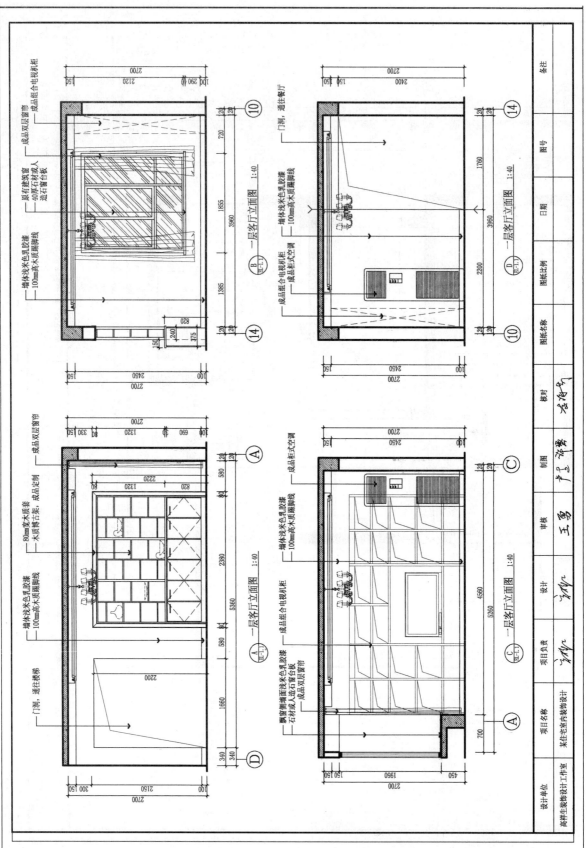

图 13-47

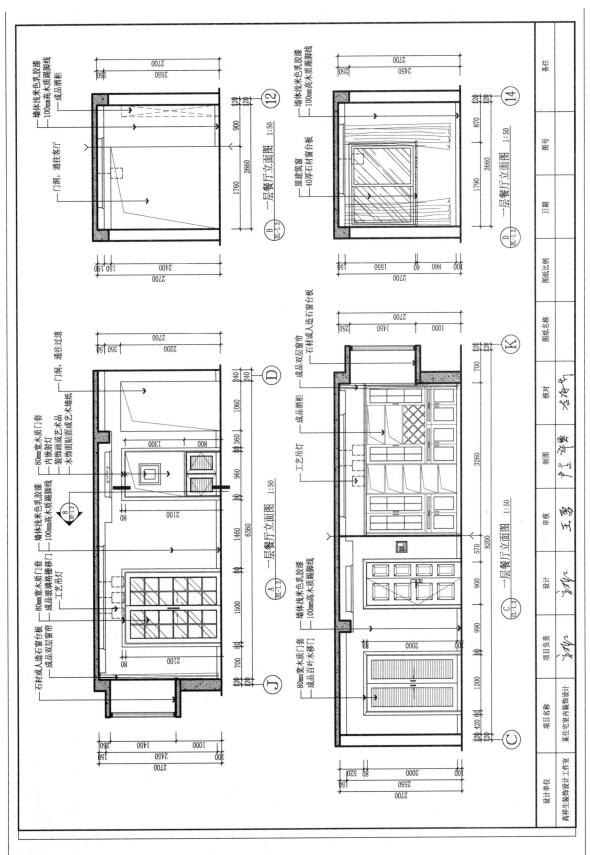

图 13-48

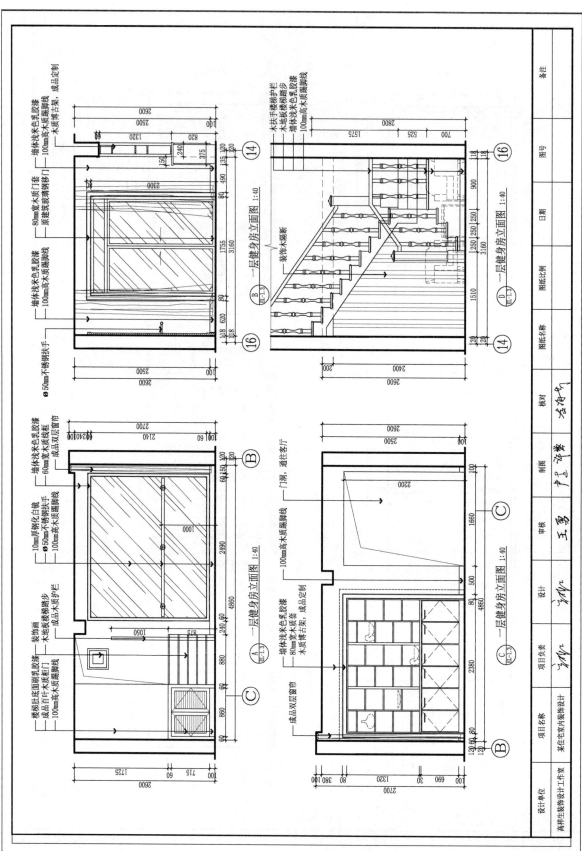

图 13-49

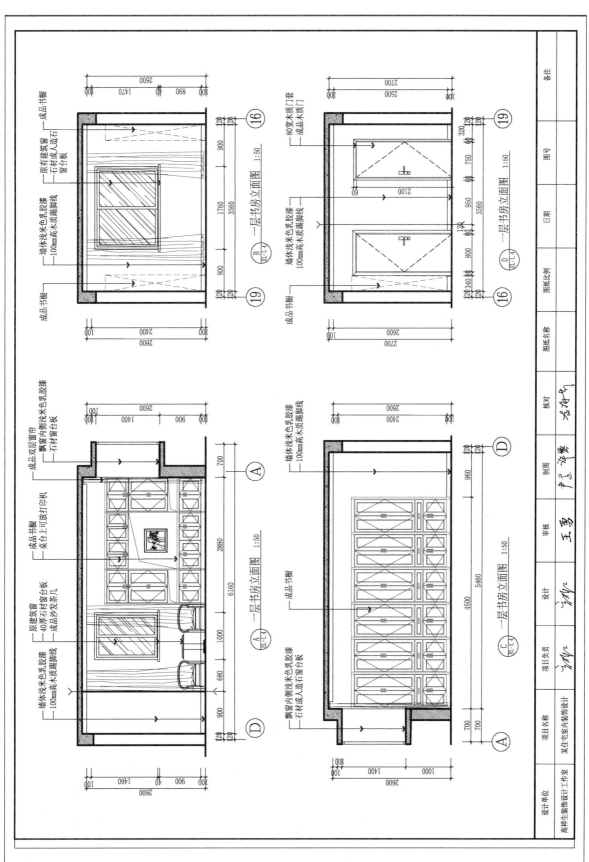

图 13-50

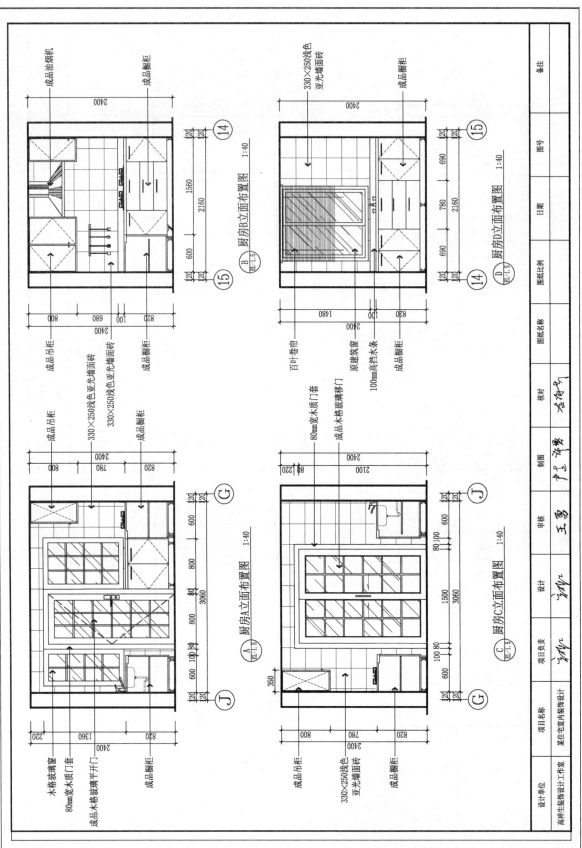

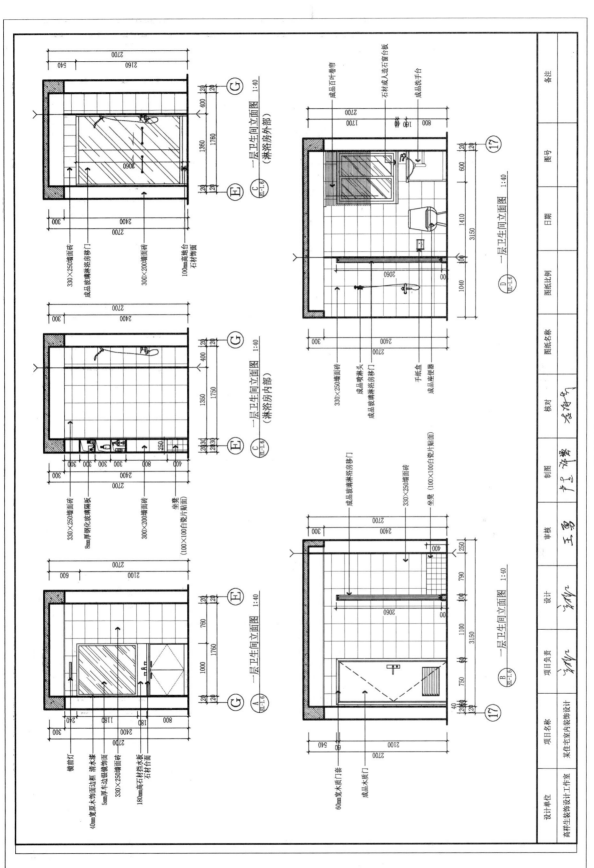

图 13-52

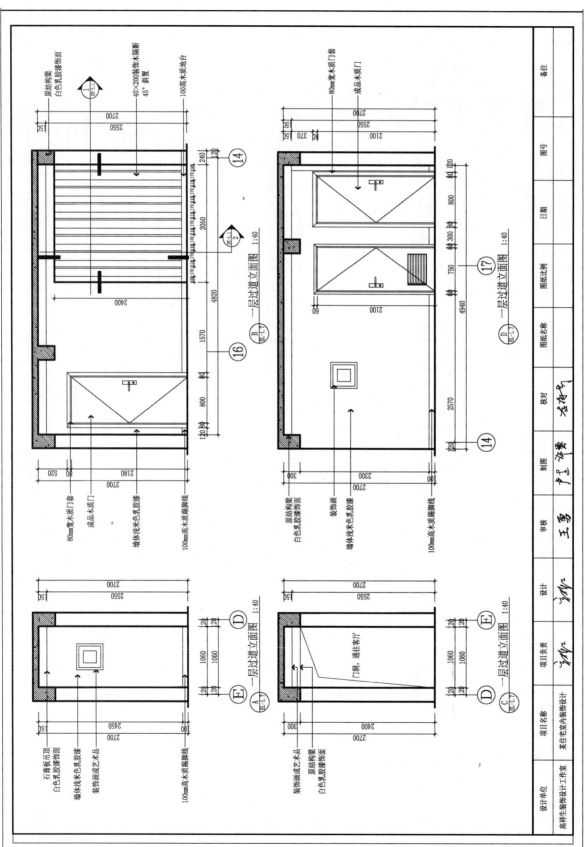

图 13-53

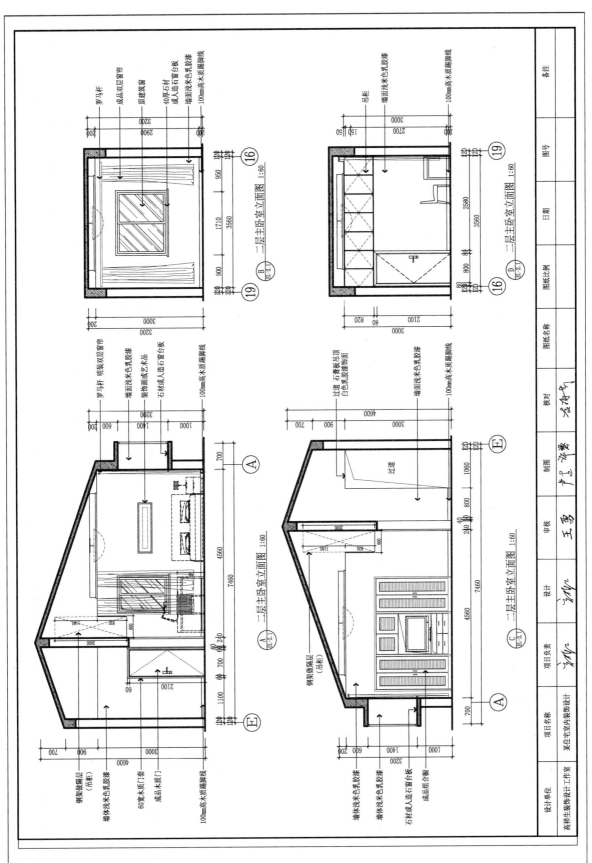

图 13-54

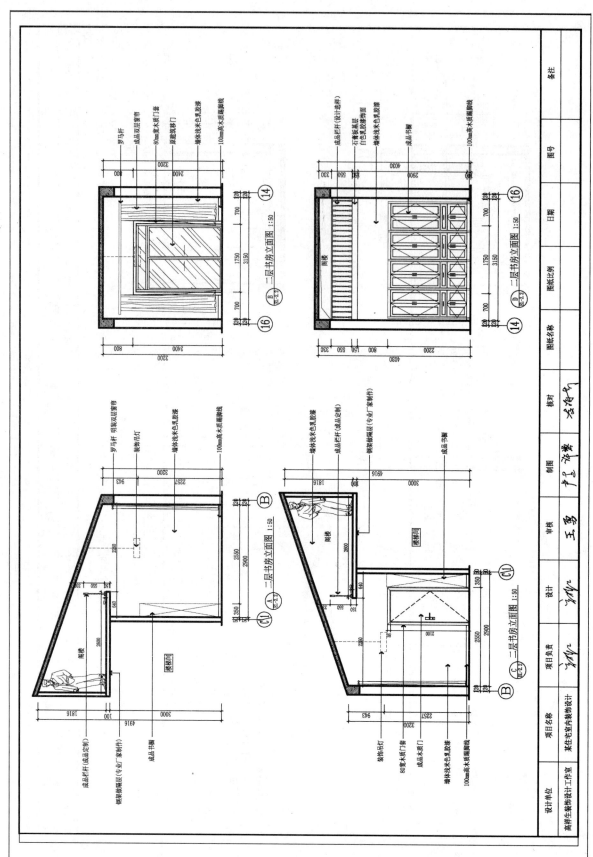

图 13-55

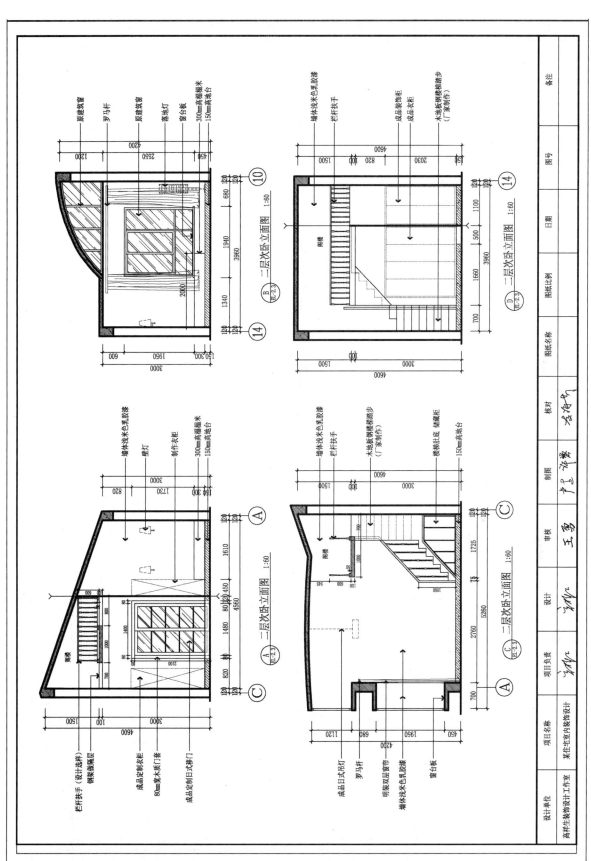

图 13-56

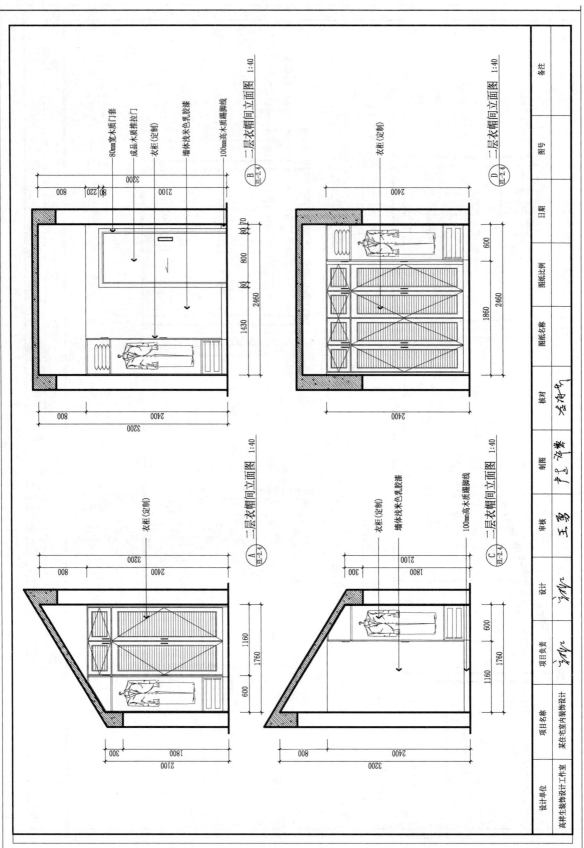

图 13-57

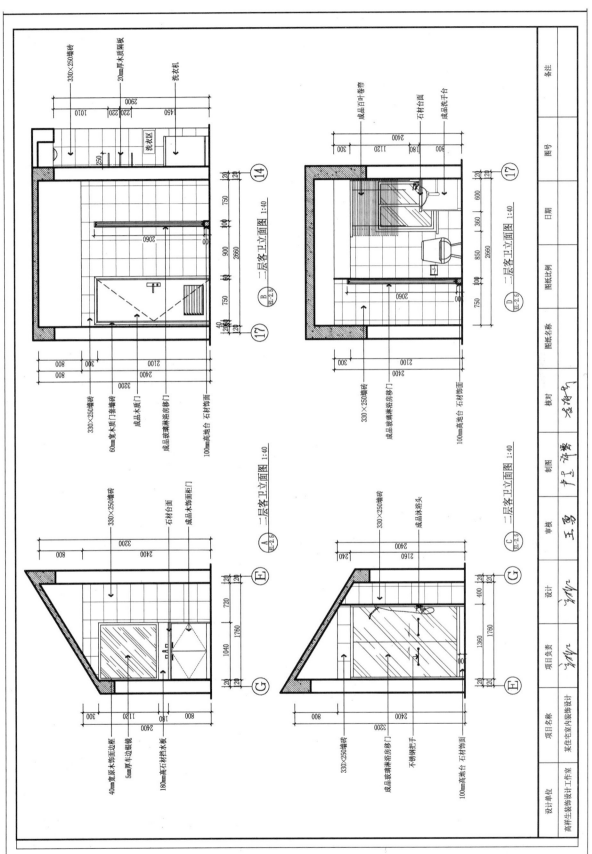

图 13·58

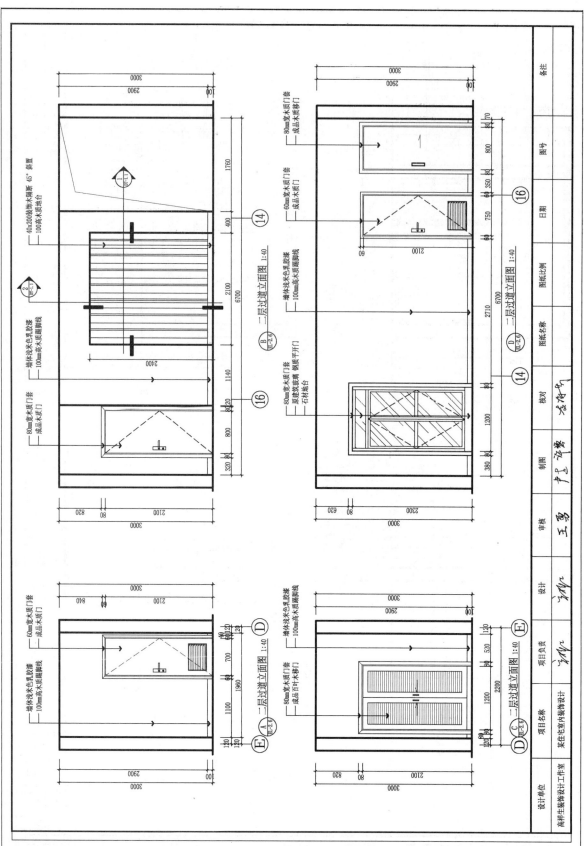

图 13-59

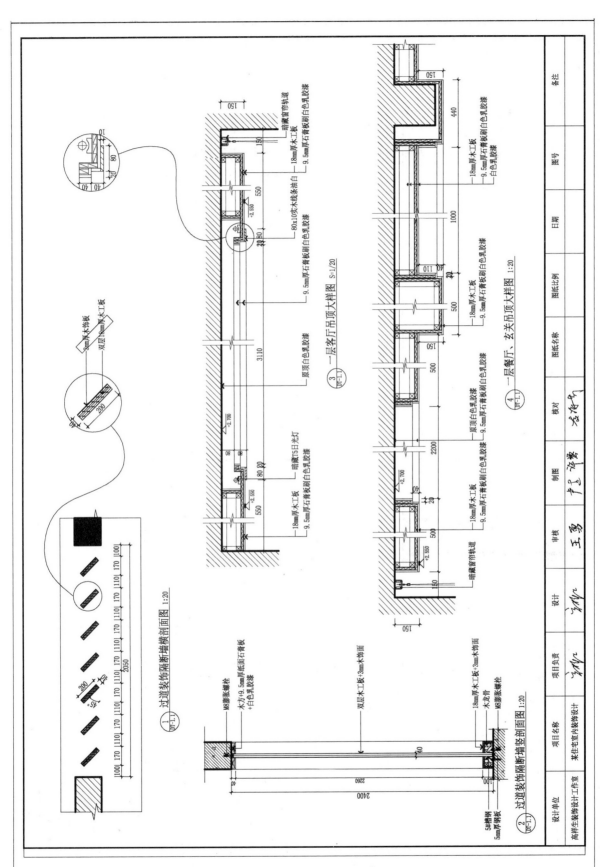

① 过道装饰隔断墙横剖面图 1:20

② 过道装饰隔断墙竖剖面图 1:20

③ 一层客厅吊顶大样图 S=1/20

④ 一层餐厅、玄关吊顶大样图 1:20

图 13-60

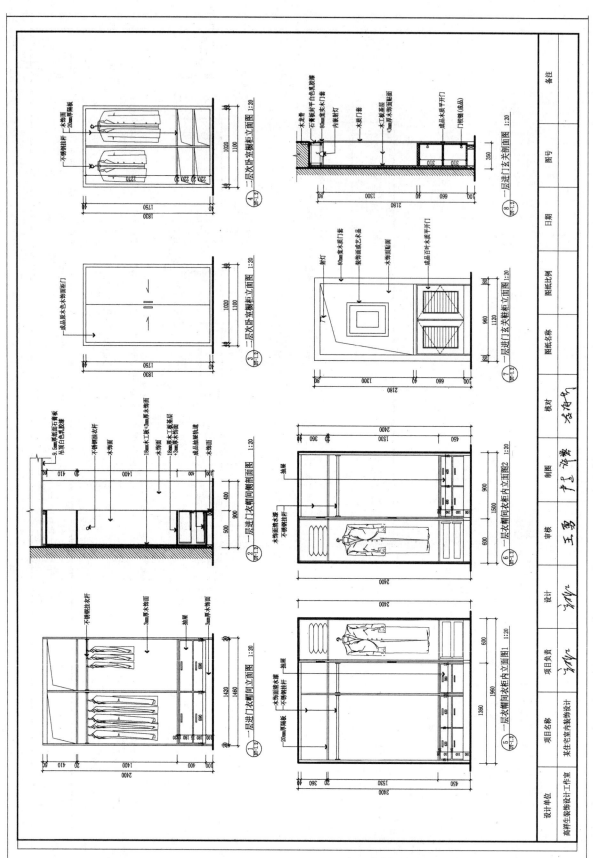

图 13-61

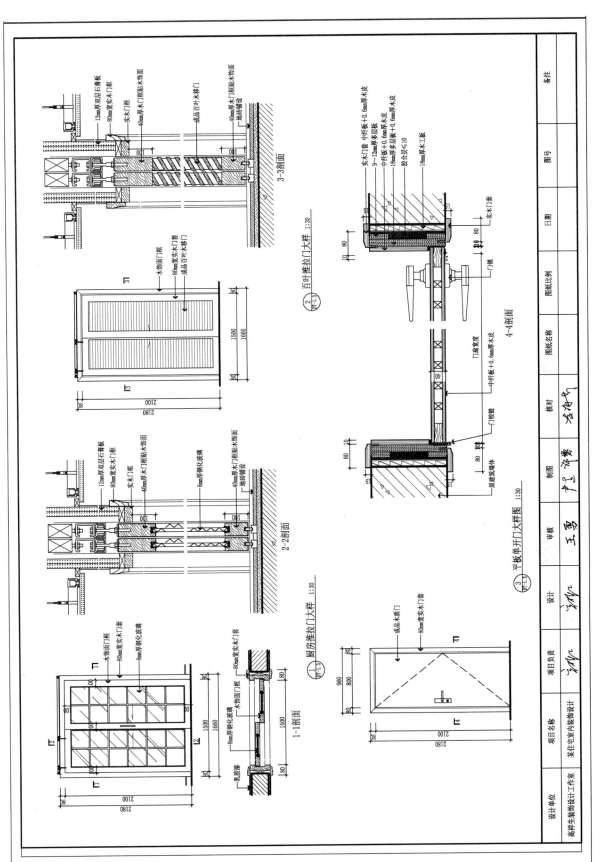

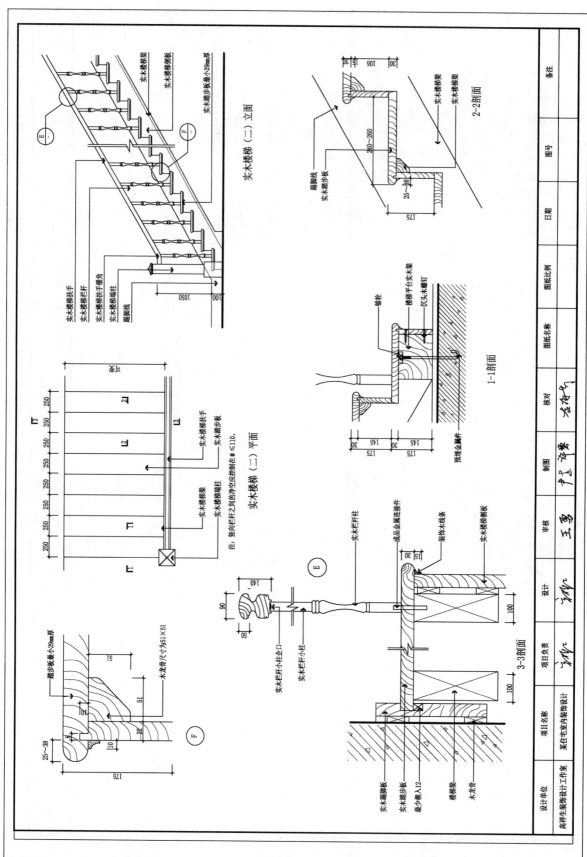

实木楼梯扶手
实木楼梯栏杆
实木楼梯扶手缓角
实木楼梯端柱
踢脚线

实木楼梯梁
实木踏步板最小29mm厚
实木楼梯侧板

实木楼梯（二）立面

实木楼梯梁
实木踏步板

2-2剖面

踢脚线
实木踏步板

实木楼梯梁
实木楼梯侧板

端栓
楼梯平台实木梁
沉头大螺钉

预埋金属件

1-1剖面

实木楼梯梁
实木踏步板

注：竖向栏杆之间的净空应控制在 φ≤110。

实木楼梯（二）平面

实木楼梯端柱

实木栏杆柱

实木栏杆柱企口
实木栏杆小柱

成品金属连接件
装饰木线条
实木楼梯侧板

3-3剖面

实木踏步板最小29mm厚
木龙骨尺寸为51×51

实木楼梯踢脚板
实木踏步板
最少嵌入12
楼梯梁
木龙骨

图 13-63

设计单位		项目名称		项目负责		审核		设计		制图		校对		图纸名称		图纸比例		日期		图号		备注
莳样生装饰设计工作室		某住宅室内装饰设计																			